이대겸 지음

발간사

도시재생이란 책을 출간하며
내가 걸어온 길 함께 해준 소중한 인연에 감사하며...

세계가 단일 공동체화 되어가는 과정에서 경쟁 단위로서의 개념보다 지역을 중심으로 한 글로컬리즘(Glocalism)경쟁이 심화되고 있는 시점에 우리나라에서도 또한 도시 재생 디자인도 마찬가지이다. 이러한 지역 간에 경쟁은 다양한 마케팅을 통해서 차별화된 지역만의 이미지를 만들어가고 있는 새천년 담양군의 도시재생 디자인을 통해 마을공동화 현상이 심화되고 지역의 도시재생 디자인을 통해 천년의 다양한 문화가 복합적으로 교류하는 공간을 디자인하여 사회적 문제를 해결하고, 인간의 삶의 환경을 구성하는 다양공공시설물을 새롭게 디자인 하여서 지역경제 활성화와 문화관광의 도시로의 이미지 창출을 통한 도시경쟁력 강화의 방안으로 그 지역 정체성을 반영한 도시재생 디자인의 역할이 중요한 시점입니다.

이러한 도시재생 디자인을 통해 지역의 정체성을 도시재생을 통해 지속가능한 공간을 연출하여 마을 만들기에 적극 활용함으로써 새로운 이미지 창출, 즉 다른 지역과 차별화 되는 그 지역만의 조형 정신과지역 활성화로 모든 사람에게 공감을 얻을 수 있습니다. 요즘 지자체 단체들은 지역주민과 광관객 유치라는 두 마리 토끼를 잡기위해 도시재생을 무분별하게 하고 있어 감히 전통마을의 환경질서가 깨지지 않을까 걱정되지만 지역주민의 편리하고 안전한 생활환경에 대한 다양한 욕구와 지역의 특성화와 생활 만족도 향상을 위한 노력으로 도시재생 디자인을 통해 관광객을 유치하고 지역주민의 삶에 질을 높이기 위해 노력해 나가고 있습니다.

베토벤은 나무숲을 거닐며 악상을 떠올랐고, 철학자 융은 외출을 삼가 한 채 집에서 몇 달씩 단순한 삶을 살며 새로운 정신세계를 만났다. 고흐도 마지막 생애를 보냈던 오베르 쉬르 우아즈에서 사람들의 눈을 피해 눈에 뜨이지 않는 곳에서 풍경을 그렸다. 위와 같이 많은 문화 예술의 영감을 도시 재생에 적용하여 창조성이 요구되는 도시의 공간과 재생이 필요하다. 앞으로 다가올 예술 및 문화 창조성이 앞으로의 지역발전에 가장 중요한 자원이라는 점을 인식해야 합니다. 오늘날 문화는 광범위한 분야와 복합되고 융합되어 있습니다. 지역마다 독특하고 차별화된 전략으로 관광경제 지향적인 문화도시 꿈꾸며 실천해 가는 세계의 도시들을 우리는 경험하고 있습니다. 문화는 바라보는 것에서 끝나는 것이 아니라 직접 실천하고 체험하는 문화가 형성 되어야 할 것입니다.

대학에 재직한지 벌써 26년, 강사5년에, 30년이 훌쩍 지나가버린다. 지난해 신종바이러스는 우리에게 교육의 본질에 대한 의미 있는 시사점을 제시하고 있다. 뉴모멀(New Normal)시대 대학교육의 혁신으로 학교에 가서 책상에 앉아 선생님의 수업을 듣는 것에 익숙한 우리들에게 학생들이 집에서 온라인으로 수업을 수강하는 모습을 통해 교육의 본질에 대해 다시 한 번 숙고해보는 시간을 제공했다. 온라인 수업임에도 불구하고 정해진 시간표에 맞춰 정해진 시간에 정해진 수업의 동영상 강의를 수강하게 하는 상황은 지금까지 우리의 교육 속에 교사중심 지식전달 위주의 수업방식이 얼마나 뿌리 깊게 자리 잡고 있는가에 대해 깨닫게 해줬다. 출산율의 감소가 갈수록 심각해지는 가운데 우리나라 인구구조가 빠르게 변화하고 있으며, 코로나 19 바이러스로 전 세계의 많은 변화와 교육의 패러다임의 변화와 속에 뉴노멀(New Normal) 시대에 앞으로 다가올 시대에 대한 준비를 하면서 방학기간이지만 도시재생이란 주제 앞에 교재와 논문을 쓰면서 많은 공부를 하면서 나 자신을 돌아볼 시간도 없이 정신없이 바쁘게 지나갔고, 벌써 한 해의 절반을 지나가고 있습니다. 서서히 나만의 시간이 많아졌다. 지난 60여 년의 세월이 주마등처럼 스쳐 지나간다. 남들과 다르게 어떤 삶을 살아 온 것일까? 스스로를 되돌아 본다.

깨끗하고 바르게 살아가려는 의지로 사람답게 사는 길이 무엇인가에 역점을 두고 지금까지 살아왔다고 자부할 수 있다. 내적 세계에 대한 탐구와 이상만을 추구하며 무작정 걸어왔던 것 같다. 그렇다고 작품에만 전념하며 살아온 삶도 아니었다. 대학 교수라는 직책으로 후배 양성과 교육에 힘써 왔다. 학생들을 가르쳤지만 가르치면서 스스로 많이 배운 것 같다. 충분히 의미 있고 보람된 삶을 되돌아 본다.

이 책을 출간하면서 도시재생이란 키워드를 가지고 계획단계에서부터 실제 현장에 적용되는 과정까지를 살펴보면서 도시재생과 디자인의 중요성을 알아보았습니다. 프로젝트 사례의 주측인 담양군 관계자 여러분들에게 감사의 말씀드리며, 프로젝트를 직접 기획하며 제안하며 진행했던 자료들을 제공해 주신 (주)무진주디자인 신상식 대표님과 25년전 세한대학교 1, 2회 졸업생으로 현재는 실무현장에서 책임자로 근무하고있는 전영곤(본부장), 장갑록(실장) 제자들에게 감사 인사 드립니다. 마지막으로 여름방학 내내 물신양면으로 집필을 도운 아내에게도 고마운 마음을 표합니다.

이 대겸 | 새한대학교 교수

서론

오늘날 경쟁이나 하듯 도시와 마을들은 다양한 사업을 통해 도시 지방자치제의 관광객유치와 유명세를 만들고자 합니다. 그러한 노력으로 마을은 유명해지는데 정작 주민들은 하나둘 마을을 떠난다고 하며, 남아있는 주민들은 높은 임대료에 비싼 땅 가격에 수년간 지켜왔던 터전을 버리고 도시로 이전하고 있는 현실입니다. 무엇이 우리를 그리고 도시와 마을에 거주하는 거주민의 행복지수를 높게 하는지를 살피고 행동으로 옮겨야 할 것 인가 생각해봅니다. 모든 지자체에서는 장기적인 마스터플랜을 준비하고 주민과 디자인 플랜을 기획하는 업체간의 협업과 공감대가 필요하며 주민공청회와 주민의 꾸준한 설득을 통해 협조체제를 이루어야 함과 동시에 그 플랜이 영혼이 녹아있는 작품과 과업들이 오래도록 사랑받을 수 있도록 해야 한다.

디자인은 단순하게 외형적인 심미성을 이야기해야 하며 디자인 초기 계획과정 그리고 마감과 후속적인 유지 관리까지도 체계적이고 구체적인 계획을 세우는 과학적인 학문입니다. 잘 계획되어진 도시경관과 재생디자인 관련 사업들은 기대치 이상의 비용을 절감할 수 있습니다. 이번 담양군 재생디자인을 통해 첫 번째 지역의 자연과 문화자원을 활용한 보존중심의 환경개선 계획으로 모두 함께 만들어가는 지역문화 거리조성에 주안점을 둔다.

둘째는 주민들을 위한 쾌적한 환경은 방문객들의 방문을 늘이고 소비를 촉진시킬 수 있는 기반조성과 향후 진행될 담양 도시재생 디자인 콘텐츠를 달빛구간 1구간과 2구간,3,4구간과 쓰담길을 연계한 플랜을 수립을 통해 마음으로 방문객을 배려하는 서비스 경영 및 교육실천으로 자연과 사람이 함께 높이는 지역의 가치 창출에 있으며, 셋째는 담양과 마을이 가진 맛, 멋, 문화와 사람의 가치를 유지하며, 마을 환경개선과 지역발전을 위해 풍요롭게 살아가는 주민 공동체 형성으로 달빛길, 쓰담길, 에코센터 디자인 시범거리 조성 및 원 도심 문화생태도시 조성사업을 통해 주민들의 직접적인 소득향상과 새로운 일자리 창출로 풍요로운 삶을 창조한다.

그동안 문화·관광 천년의 담양군의 도시재생 및 전시디자인을 통해 1장에서는 천년의 문화 관광 담양군의 역사와 담양군 10경의 배경을 중심으로 서술하였으며 창평의 슬로시티 배경과 오방길에 대한 해설

과 함께 담양군의 과거의 역사와 전통을 밑거름 삼아 세월이 지나도 그 시대의 정신은 변하지 않는 담양을 재조명 하였다. 2장에서는 도시디자인 의미와 목적을 살펴보았고, 도시 공공디자인을 통해 담양군 도시재생 디자인의 지속가능한 마을 만들기를 통해 담양군의 콘텐츠로 총체적 기획과 디자인을 구현하였다. 3장에서는 담양군이 담양읍에 추진 중인 담빛길의 1구간부터 4구간의 특징과 "담양 인문학 이야기" 그리고 별빛·달빛 따라 이야기가 있는 거리를 대해 이야기하여 장기적인 마스터플랜을 수립 하였으며, 4장에서는 담양군의 옛 죽물시장의 중심거리 입구에 있는 가장중심 지역으로 담빛길(1구간)은 문화와 예술, 생태 자원을 활용한 특화된 거리로 조성한 장이며, 5장에서는 한때 죽물시장으로 명성을 알린 지역으로 그 흔적이 지금도 남아있는 거리로 새로운 문화의 시대를 맞이하여 쓰담길을 지역 주민과 방문객이 지역이 가진 자원을 활용하여 함께 만들어가는 문화의 거리를 조성하였다. 다시 찾아와서 함께하며 지역주민의 삶의 질을 높이는 것이 쓰담길 디자인 시범거리 조성사업이라 할 수 있으며, 6장에서는 메타세쿼이아 길 주변에 위치한 기후체험관내에 있는 에코허브센터 전시장 사업의 제안서를 바탕으로 사업의 이해를 통해 디자인 기본 방향을 선정으로 세부연출계획과 기대효과를 도출하였다. 7장에서는 담빛길(1구간)과 쓰담길, 에코허브센터의 디자인 시범거리 조성사업에 대한 프로젝트의 추진사항과 현재의 상황들에 대한 결론을 도출 하였다.

전국에서 유일하게 대나무 오일장이 섰던 담양의 죽물시장, 속은 비어 욕심이 없고 겉은 단단하나 때로는 한없이 부드러워지는 대나무의 성질처럼, 고단한 삶의 길을 꿋꿋하게 걸어갔을 그 시절 담양의 사람들, 남자들은 대를 쪼개고 여자들은 손질하며 남자들은 지고 나가고 여자들은 이고 나가는, 담양의 대나무로 만들어낸 수많은 일상의 생활용품들, 지금은 볼 수 없는 담양 죽물시장의 흔적과 기억의 단편들이 이제 이 곳 담양재생을 통해 옛 과거의 역사와 전통을 밑거름 삼아 천년의 바람을 담아 담양이 그대로 다시 태어나려 합니다.

2020년 가을이 오고 있는 9월초 어느 날.

CONTENTS · 목차

004 발간사
　　　　도시재생이란 책을 출간하며 내가 걸어온 길 함께 해준 소중한 인연에 감사하며...

006 서론

011　PART I. 문화·관광의 도시 천년담양, 자연이 사람을 품다

　　　　I-1. 담양군의 역사　　012

　　　　I-2. 담양군의 10경　　018

　　　　I-3. 슬로시티 창평　　029

　　　　I-4. 담양 오방길　　031

035　PART II. 도시재생 디자인

　　　　II-1. 도시 디자인이란?　　036

　　　　II-2. 공공 디자인　　042

　　　　II-3. 도시재생 디자인　　049

　　　　II-4. 담양군 담빛길, 쓰담길을 통해 바라본 도시재생　　053

057　PART III. 담양군 도시재생 사업의 현황과 방향

　　　　1~5. 담양군 담빛길 1구간 ~ 4구간　　058

　　　　6. 담빛길은 콘텐츠 공유의 공간이다.　　064

　　　　7. 담양군 '돌아온 쓰담길'　　066

　　　　8. 호남기후변화체험관-담양 에코센터　　067

URBAN REGENERATION DESIGN STORY

069　PART IV. 담빛길 테마거리 조성사업의 분석

　　IV-1. 담빛길(1구간) 조성사업의 특징　070

　　IV-2. 담빛길(1구간) 디자인의 방향 및 전략　082

　　IV-3. 담빛길(1구간)의 세부연출 계획　088

　　IV-4. 담빛길(1구간)의 기대효과　096

101　PART V. 쓰담길 테마거리 조성사업의 분석

　　V-1. 쓰담길 조성사업의 특징　102

　　V-2. 쓰담길 디자인의 방향 및 전략　111

　　V-3. 쓰담길의 세부연출 계획　116

　　V-4. 쓰담길의 기대효과　122

127　PART VI. 담양에코센터 전시관의 분석

　　VI-1. 담양에코센터의 콘텐츠 및 전시디자인　128

　　VI-2. 담양에코센터의 디자인 기본방향　134

　　VI-3. 담양에코센터의 세부연출 계획　138

　　VI-4. 담양에코센터의 기대효과　143

148　PART VII. 결 론
　　담양군 도시재생 사업의 가치와 기대효과

162　PART VIII. 참고문헌 및 저자프로필

PART I
문화·관광의 도시 천년담양, 자연이 사람을 품다

I-1 담양군의 역사

I-2 담양군의 10경

I-3 슬로시티 창평

I-4 담양 오방길

문화·관광의 도시 천년담양,
자연이 사람을 품다

I-1. 담양군의 역사

담양(潭陽)이란 명칭이 처음 사용된 것은 고려시대에 이르러서다.

『신증동국여지승람(新增東國輿地勝覽)』담양도호부조(潭陽都護府條)에 이르면, 「본래 백제(百濟) 추자혜군(秋子兮郡)이었는데 신라 때 추성군(秋成郡)이라 바꾸었고, 고려 성종 14년(995)에 담주도단련사(潭洲都團鍊使)를 두었다가 후일 지금의 이름으로 고치어 나주에 복속하게 되었다. 명종 2년(1172)에 감무(監務)를 두었고, 공양왕 3년(1391)에 율원현(栗原縣)을 겸임케 하였다. 본조(朝鮮)에 들어와 태조 4년(1395)에 국사(國師) 조구(祖丘)의 고향이라 하여 군(郡)으로 승격시켰다. 공정왕(정종) 즉위1년(1398)에 왕비 김씨의 고향이라 하여 부(府)로 승격시키었다가 태종 13년(1413)에 예(例)에 따라 도호부(都護府)로 삼았다.」

현재의 행정구역상으로 본 담양군은 담양읍과 고서(古西)·금성(金城)·남(南)·대덕(大德)·무정(武貞)·대전(大田)·봉산(鳳山)·수북(水北)·월산(月山)·용(龍)·창평(昌平)의 11개면으로 이루어져 있다 이와 같은 현재의 담양군의 행정구역을 이루는 중요한 골격의 형성은 1914년 일제에 의해 단행된 행정구역 개편조처일 것이다. 즉 이때 담양군과 창평 군을 합하여 담양군을 이루고 창평군 관할이었던 옥과면(玉果面)은 곡성군(谷城郡)에 이관시키며 그밖에 현 대전면, 수북면이나 가사 문학 면을 이루는 지역은 광주시와 장성군의 관할에서 이속받기도 하였다. 그러므로 근세 이전의 담양군을 이루는 지역은 크게 보아 담양과 창평의 두 개의 행정단위로 나뉘어 존속해 왔었음을 알 수 있다.

내용출처. 담양군청 홈페이지_ www.damyang.go.kr

1-1. 선사 및 삼국시대(백제)

2001년 문화유적 지표조사에서 대덕면 매산리와 월산면 광암리 지역에서 구석기(舊石器)시대의 유물인 뗀석기 등이 발견되어 상당히 오래 전부터 우리지역에서 사람이 살고 있던 것으로 추정된다. 청동기시대 유적인 고인돌은 대전면 72기·무정면 82기 등 모두 240여기가 있는 것으로 조사되어 이들 지역에 정치적 사회가 형성되었던 것으로 판단된다.

한편 봉산면 제월리(齊月里)에는 석촉·석검·저석(숫돌)·석부(石斧)등 유물이 출토된바 있고, 무정면 강쟁리(현 담양읍)에서는 석검과 석부가, 담양읍 일대의 석관묘에서는 잔무늬거울·세형동검 등이 발견되기도 하였으나 아직 당시의 생활상을 추정하기에는 부족한 면이 있다. 삼한 중 마한(馬韓)에 속했던 우리지역에 마한소국들의 존재를 주장하는 일부 학자들도 있으나 확실하지는 않다.

예컨대 지금의 무정면 일대에 구소국(拘素國)이, 창평면 일대에 구해국(拘奚國)이 있었던 것으로 비정하는 견해가 그것인데 학자들마다 주장하는 바가 달라 확실치 않다. 다만 영산강 상류지역의 고인돌의 분포상으로 보아 일찍부터 정치적 사회단체가 존재하였다는 것만은 가능성이 매우 높음을 알 수 있다.

백제가 전남지방을 지배하는 시기는 근초고왕 24년(369)경으로 담양지역도 이 시기를 전후하여 백제의 영역에 포함된 것으로 추정된다.

백제영역에 포함되면서 현재의 담양지역에는 추자혜군(秋子兮郡)과 율지현(栗支縣)이, 창평지역에는 굴지현(屈支縣)의 존재가 찾아진다.

『삼국사기(三國史記)』 등에 보이는 백제의 지방통치조직은 방(方)-군(郡)-현(縣)제로 대별되는데 담양도 이와 관련, 통치조직의 근간을 이루었을 것이다. 3군현의 위치를 비정해 보면 추자혜군(秋子兮郡)이 현재의 담양읍과 무정면(武貞面) 일대, 율지현(栗支縣)은 현재의 금성면(金城面) 일대, 굴지현(屈支縣)은 현재의 창평면(昌平面), 고서면(古西面) 일대로 추정하나 개략적이어서 수정될 여지가 없지 않아 있다.

담양군의 옛지도 | 출처. 담양문헌집(규장각 소장)

1-2. 남북국시대(통일신라)

신라가 지방제도 체제를 정비하기 전에 당(唐)에 의한 지방제도의 개편이 이루어진다.
즉, 당은 백제의 옛 땅에 웅진도독부(熊津都督府)를 설치하고 7주 51현을 설치하였다는 것인데 담양지역과 관계가 되는 것은 분차주(分嵯州)이다. 분차주(分嵯州)의 속현(屬縣)인 고서현(古西縣)은 옛 추자혜(秋子兮)에 두어졌다 하므로 이는 대체로 담양지역에 해당하는 것으로 본다. 경덕왕 16년(757) 대대적인 지방통치조직 개편과 군현명 개정 작업이 이루어진다.

① 추성군(秋成郡)은 본래 백제의 추자혜군(秋子兮郡)인데 경덕왕(景德王)이 명칭을 바꾸었고 지금은 담양군이라 한다. 영현(領縣)은 둘이다. 옥과현(玉菓縣)은 본래 백제 과지현(菓支縣)인데 경덕왕이 명칭을 바꾸어 지금에 이르고, 율원현(栗原縣)은 본래 백제 과지현(菓支縣)인데 경덕왕이 명칭을 바꾸었으며, 지금은 원율현(原栗縣)이다.
≪『삼국사기(三國史記)』지리지(地理志) 3. 추성군(秋成郡)≫

② 무주(武州)는 본래 백제의 땅 이다. 신문왕(神文王) 6년에 무진주(武珍州)라 하였고 경덕왕이 무주로 바꾸었다. 지금의 광주(光州)이다. 영현(領縣)이 셋인데 ……, 기양현(祁陽縣)은 본래 백제의 굴지현(屈支顯)인데 경덕왕이 이름을 바꾸었다. 지금의 창평현(昌平縣)이다.(『삼국사기(三國史記)』지리지(地理志) 무주(武州)) 백제 때와는 분포상의 변화는 없으나 명칭의 변화만이 보인다.

통일신라 시대의 유물인 보물 제111호 '개선사지 석등'(9세기 말)

③ 지금의 담양지역에는 추성군(秋成郡)과 율지현(栗支縣)이 있고 추성군은 예하에 지금 곡성군 지역인 과지현(菓支縣, 현 玉果)과 금성면 지역인 율원(栗原, 현 原栗)을 영속하며, 창평 지역의 굴지현(屈支縣)은 기양현(祁陽縣)으로 개명되어 무주(武州)의 영현으로 나타난다.

한편 경문왕 8년(868), 왕의 발원에 의하여 건립되었다는 개선사(開仙寺)의 석등이 현재 남면 학선리에 남아 있어 통일신라시대 이 지역에 불교문화가 융흥(隆興)하였을 것임을 짐작케 한다.

1-3. 고려시대

태조 23년(940)에 기양현(祁陽縣)이 창평현(昌平縣)으로 개칭되고 율원현(栗原縣)이 원율현(原栗縣)으로 바뀌는 등의 변화가 생기는데 추성(秋成)을 비롯하여 창평(昌平), 율원(栗原) 등의 여러 현이 무주의 영현으로 편제되는데에는 아무런 변화가 없다. 그 후 성종 14년(995) 추성군을 고쳐서 군사적 의미가 강한 담주도단련사(潭州都團鍊使)를 삼는 조처가 이루어지나 시행 10년만에 폐지되고 현종 9년(1018) 새로운 군현제도가 이루어진다.

이때 담양군은 나주목(羅州牧)의 속군(屬郡)이 되었으며, 원율현과 창평현도 나주목의 속현이 되었다.

명종대에 이르러 약간의 변화가 일어나는데 명종 2년(1172)에는 담양에 감무(監務)가 파견되었으나 고종 24년(1237) 원율현인(原栗縣人) 이연년(李延年)이 반란을 일으키자 율원이 폐현되는 등 여러번 강등을 거듭하나 공양왕 3년(1391)에 담양 감무(監務)가 원율현을 겸임케 하는 조처가 이루어진다.

한편 몽고침입기에는 몽장(蒙將) 차라대(車羅大)가 담양에 둔소(屯所)를 설치하고 주둔하는 등 담양이 군사적으로 아주 중요한 거점으로 인식하고 있음을 알 수 있다. 이는 금성산성(金城山城)의 전략적 중요성을 말해주는 사례라고 할 수 있다.

고려시대의 유물인 사적 제353호 금성산성(金城山城) | 사진출처. 담양군청

1-4. 조선시대

우선 태조 4년(1395) 담양이 국사(國師) 조구(祖丘)의 고향이라 하여 감무관(監務官)을 지군사(知郡事)로 승격시키는 조치가 취해지고, 1399년 공정왕(정종)비 김씨의 외향(外鄕)이라 하여 군(郡)에서 부(府)로 승격하였고 태종 13년(1413)에 도호부(都護府)로 고쳐졌다. 세종 17년(1435)에는 창평의 관할이었던 장평(長平)·갑향(甲鄕)의 향·부곡이 담양도호부(潭陽都護府)의 영역내에 들어와 있다하여 이를 담양에 병합하는 조처가 취해졌다.

조선초기의 개편에서는 담양이 도호부(都護府)로 승격하였다는 것이 가장 중요한 사실인데 이는 그 군사적 중요성이 크게 강조되었다는 것을 의미한다. 이러한 행정적 편제는 한말까지 대체적으로 큰 변화 없이 유지되나 몇 차례 강등되는 경우도 있었으나 곧 복구된다. 강등된 경우는 영조 4년(1728) 역적 미구(美龜)가 태어난 곳이라 하여 현으로 강등되었다가 다시 도호부로 된 일, 영조 38년(1762) 좌수(座首) 이홍범(李弘範) 등이 역적을 도모하였다 하여 강등되었으며, 창평현은 성종 5년(1474) 창평 출신인 강구연(姜九淵)이 현령(縣領) 전순도(全順道)를 능욕하였다 하여 광주로 예속되었다가 성종 9년(1478)에 복구된 일이 있다.

조선시대 하부조직으로 면리제(面里制)을 들 수 있는데 영조 35년(1759)에 작성된 『여지도서(輿地圖書)』와 정조 13년(1789)에 작성된 『호구총수(戶口總數)』를 보면 자세히 알 수 있다. 『여지도서(輿地圖書)』에 따르면 담양부는 총 15개면에 5,532호(戶), 18,242구(口)의 규모였고, 창평현은 10개면에 1,999호(戶), 7,292구(口)였다. 『호구총수(戶口總數)』에는 담양부가 20개면 5,688호(戶), 18,270구(口), 창평현이 10개면 2,041호(戶), 7,601구(口)로 나온다.

조선시대에 창건된 전남유형문화재 제104호 창평향교(昌平鄕校)전경 | 사진출처. earth1004.tistory.com/810

1-5. 근대 이후

1895년 갑오개혁(甲午改革)때 전국을 23부의 체제로 나누었는데 담양과 창평 은 남원부(南原府) 산하 20개 군중 하나로 편제되었다. 그러나 1896년 13도제로 변경하자 담양군과 창평 군은 전라남도에 속하게 되면서 담양군은 2등 군, 창평군은 4등 군으로 되었다.

1906년 창평군 갑향면(甲鄕面)을 장성군으로 이관시키고 1908년에는 담양 군의 덕면(德面)·가면(加面)·대면(大面)이 창평군으로 이관되고 옥과군이 폐지되어 창평군에 이속되는 변경이 있었다.

1914년 일제는 전국을 13도 12부 220군으로 개편을 단행한다. 이때의 담양지역 행정체제 개편을 보면 창평의 옥과면은 곡성군으로 이관시키고 창평의 군내면(郡內面)·고현내면(古縣內面)·내남면(內南面)·외남면(外南面)·서북면(西北面)·장남면(長南面)·동서면(東西面)·장북면(長北面)·덕대면(德大面)·가면(加面)과 장성군의 갑향면(甲鄕面), 광주군의 갈리면(葛利面)과 대치면(大峙面)을 담양에 합속 시키는 것이었다.

이 때 면간의 통폐합 및 개명작업도 이루어져 담양군의 동·서면을 담양면 으로, 목(木)·두(豆)·우(牛)면을 구암면(九岩面)으로, 광(廣)·산(山)·고(高)면을 월산면(月山面)으로, 고(古)면·천(泉)면을 금성면(金城面)으로 개명하였으며, 창평군의 고현내(古縣內)면·북(北)면·서(西)면을 고서면(古西面)으로, 내남(內南)면·외남(外南)면을 남면(南面)으로, 대(大)면·덕(德)면을 대덕면(大德面)으로, 장북(長北)·장남(長南)·동서(東西)면 및 광주의 갈전(葛田)면을 합쳐 수북면(水北面)으로, 광주의 갈전면 일부와 대치면, 장성군의 갑향 면을 대전면(大田面)으로 통폐합하여 13면 139개리를 관할하는 체제를 만들었다.

1918년에는 다시 면별 일부 면의 합속을 행하여 무면(武面)과 정면(貞面)을 합하여 무정면(武貞面)으로, 그리고 구 암면(九岩面)을 봉산면(鳳山 面)으로 고쳐 12면 체제를 이루었다.

1943년에는 담양 면이 읍으로 승격됨으로서 1읍 11면의 체제를 이루었고 1955년에는 광주(광산군)의 석곡면(石谷面) 덕의리(德義里)·충효리(忠孝里)·금곡리(金谷里)를 남면 (현 가사 문학 면)에 편입하였다가 1957년에는 다시 광주 관할로 되돌려주었고, 1983년에 또 다시 행정구역의 조정을 이루어 봉산면의 강쟁리(江爭里), 무정면의 오계(五桂)·반룡리(盤龍里), 금성면의 금월(錦月)·삼만(三萬)·학동리(鶴洞里), 월산면의 운교(雲橋)·삼다(三茶)·가산리(佳 山里) 지역이 담양읍으로 편입되었다.

1976년에는 광주호의 건설로 남면(현 가사문학면)의 학선리(鶴仙里) 일부 지역이 수몰되었고, 같은 해 담양호의 건설로 용면의 도림(道林)·월계(月桂)·산성(山城)·청흥(淸興)·용연리(龍淵里)의 일부지역이 수몰되기도 하였다.

I-2. 담양군의 10경

2-1. 용흥사 계곡

용흥사 계곡은 담양읍에서 북으로 8㎞쯤 가다 바심재 왼쪽으로 용흥리 마을을 지나 2㎞쯤 올라가면 용흥사 계곡에서 흐르는 물을 담수하는 저수지가 있으며, 계곡을 따라 올라가면 용구산 중턱에 자리를 잡고 있는 용흥사 절이 있다. 속설에 의하면 조선 영조의 어머니인 창평인 최복순 여인이 이 절에서 기도를 하여 영조를 낳고 이 절 이름을 용흥사라 하고 산 이름도 용구산 에서 몽선산 이라고 고쳤다고 한다. 용흥사는 현 건물지의 규모로 보아 옛날에는 대규모의 사찰이었던 같으나 임진왜란과 한 말 의병전쟁, 한국전쟁 당시 모두 소실되었고 근래 대웅전과 요사채를 복원하였다. 시원한 물줄기가 흐르는 용흥사 계곡은 단풍나무와 푸른 송림 사이에 기암괴석이 어우러져 있고 약 2㎞에 이르는 계곡은 물이 맑고 깨끗하여 물고기가 노는 모습을 볼 수 있다. 여름에는 담양 사람들은 물론이거니와 광주 등 다른 지역에서까지 많은 피서객이 몰려들어 시원한 여름을 보내기도 한다. 또한, 용흥사 계곡 사이로 붉게 물든 가을 단풍은 다른 곳에서는 볼 수 없는 기이한 아름다움을 지니고 있다.

용흥사 계곡 전경 | 사진출처. 담양군청

내용출처. 담양군청 홈페이지_ www.damyang.go.kr

2-2. 관방제림

이 숲은 푸조나무, 느티나무, 팽나무, 음나무, 개서어나무, 곰의 말채나무, 벚나무 및 은단풍 등 여러 가지 낙엽성 활엽수들로 이루어졌으며, 나무의 크기도 가슴높이의 줄기 둘레가 1m 정도의 것부터 5.3m에 이르는 것까지 다양하다. 나무의 수령은 최고 300년이 된다. 관방제림(官防堤 林)은 조선 인조 26년(1648) 당시의 부사성이 성(府使 成以性)이 수해를 막기 위해 제방을 축조하고 나무를 심기 시작하였으며, 그 후 철종 5년(1854)에는 부사 황종림(府使 黃鍾 林)이 다시 이 제방을 축조하면서 그 위에 숲을 조성한 것이라고 전해진다. 이처럼 예로부터 산록이나 수변 또는 평야지대에 임야구역을 설치하고 보호하여 특이한 임상을 갖춘 곳을 임수(林藪)라 한다. 임수의 종류를 나누어 보면 종교적 임수, 교육적 임수, 풍치적 임수, 보안적 임수, 농리적 임수 등 그 임상과 입지조건 또는 설치의식에 따라 구분된다. 전남에는 완도 갈지리 임수, 곡성읍 읍내리 임수, 곡성 오곡면 외천임수, 광양 인서리 임수, 광주 경양제 임수 등 몇 군데가 있으나 그 중 가장 대표적이고 그 원형이 잘 보존되고 있는 곳이 담양 관방제 임수이다. 2004년에는 산림청이 생명의 숲 가꾸기 국민운동, (주)유한킴벌리 등과 공동 주최한 '제5회 아름다운 숲 전국대회'에서 대상을 수상하기도 했다.

관방제림 추경 | 사진출처. 담양군청

2-3. 가마골 용소

가마골 용소는 담양군 용면 용연리 소재 추월산(해발 523m)을 중심으로 사방 4km 주변을 가마골 이라고 부르는데, 여러 개의 깊은 계곡과 폭포, 기암괴석이 수려한 경관을 이루고 있어 사시사철 관광객의 발길이 끊이지 않는 곳이다. 영산강의 시원으로 유명한 용소가 있고, 옛날 담양 고을에 어떤 부사가 부임하였다. 그는 풍류를 좋아하는 사람이었는데, 가마골 풍경이 너무 아름답다고 하여 이곳 경치를 구경하고자 관속들에게 예 고령을 내리고 그날 밤 잠을 자는데 꿈에 백발선인이 나타나 내일은 내가 승천하는 날이니 오지 말라고 간곡히 부탁하고 사라졌다. 그러나 부사는 신령의 말을 저버리고 이튿날 예정대로 가마 골로 행차했다. 어느 못에 이르러 그 비경에 감탄하고 있는데 갑자기 그 못의 물이 부글부글 소용돌이치고 주위에는 짙은 안개가 피어오르더니 황룡이 하늘로 솟아올랐다. 그러나 황룡은 다 오르지 못하고 그 부근 계곡으로 떨어져 피를 토하며 죽었다. 이를 본 부사도 기절하여 회생하지 못하고 죽었다. 그 뒤 사람들은 용이 솟은 못을 "용소"라고 하고 용이 피를 토하고 죽은 계곡을 "피 잿골", 그리고 그 일대 계곡을 그릇을 굽는 가마터가 많다고 하여 "가마 곡"이라 불렀는데 세월이 흐르면서 "가마 곡"이 "가마 골"로 변하여 불렸다고 전해온다.

소설 '남부군'의 현장 6.25 격전지 중에서도 가장 치열하고 처참했던 곳 중 하나가 가마골 이다. 1950년 가을 국군의 반격으로 후퇴하던 전남·북 주둔 북한군 유격대 패잔병들이 이곳에 집결하여 은거하면서 약 5년 동안 유격전을 펼쳤다. 당시 유격대들은 이곳 가마골에 노령지구사령부(사령관 김병억, 장성 북하면 출신)를 세우고 3개 병단이 주둔하면서 낮이면 곳곳에 숨어 있다가 밤이면 민가로 내려와 살인, 약탈, 방화를 일삼았고, 전투가 장기화됨에 따라 병기시설인 탄약제조창과 군사학교, 인민학교, 정치보위학교 및 정미소까지 설치해 놓고 끈질긴 저항을 계속하다가 육군 8사단, 11사단과 전남도경 합동작전에 의해 1천여 명의 사상자를 내고 1955년 3월 완전히 섬멸되었다. 지금은 관광지로 개발되어 그날의 흔적을 찾아보기 어려우나 가끔 탄피, 수류탄, 무기 제조에 쓰인 야철, 화덕 등이 발견되어 그날의 참화를 말하여 주고 있고, 당시 사령관이 은거했던 것으로 전해지는 사령관 계곡을 등산로를 따라가면 찾을 수 있다.

"신중 동국여지승람 담양도호부"편에 나오는 기록 추월산 동쪽에 두 개의 석담이 있다. 아래에 큰 바위가 있고 바위구멍으로부터 물이 흘러나와 공중에 뿌리고 이 물이 쏟아져 큰못을 이루었다. 전하는 이야기에 바위구멍은 용이 뚫은 것이라 하는데 마치 용이 지나간 자취처럼 암면이 꾸불꾸불 패어 있다. 옛적에 전라도 안 겸사가 이곳을 찾아와 용의 모습을 보고자 청하자 용이 머리를 내밀었다. 안 겸사와 그를 따라왔던 기관이 용의 눈빛에 놀라 죽어 용소 아래에 안 겸사와 기관이 묻힌 그 무덤이 있다. 용소에 나오는 소개자료 "용소"는 계곡을 따라 흐르는 시냇물이 이곳 암반으로 형성된 물목을 통과하는 동안 억만 겹의 세월을 통해 암반을 깍 고 깍 아 마치 용이 꿈틀거리며 지나간 자국 마냥 홈을 이루었다. 이 홈이 중간에서 석질이 강한 암반에 걸려 이를 뚫지 못하자 공중으로 솟구쳐 오르고 분수처럼 솟구친 물이 암반 밑에 쏟아져 시퍼런 용소를 이루어 놓았다. 원시림과 계곡이 어우러져 여름에도 서늘하다. 용연 제1폭포와 용연 제2폭포를 볼 수 있어 더욱 좋다. 경사가 완만하여 삼림욕 코스로 그만이다. 바위채송화, 참나리 등 다양한 야생화가 분포해 있다.

계곡을 거슬러 올라가면 용추사가 있다. 옛 도공의 애환이 서린 가마터 가마 골 은 그릇을 굽는 가마터가 많다고 하여 붙여진 이름이다. 98년 용추사 주변에서 임도 개발 공사를 하다가 가마터가 발견 되었다. 지명의 유래가 사실이었음이 증명된 것이다. 기암절벽 위에 서 있는 시원정과 출렁다리 가마골에서 빼놓을 수 없는 볼거리. 영산강의 시원인 용소를 바라보는 위치에 있어서 정자와 출렁다리의 이름이 각각 시원정과 출렁다리다. 아슬아슬한 스릴과 함께 30분가량의 아기자기한 등산을 즐길 수 있도록 등산로가 개발되어있다. 향토수목과 야생화 50,000여본 이 식재된 자연학습원 야영시설을 철거하고 그 자리에 소나무 림과, 식생 관찰 지 및 야생화 단지를 조성하여 배롱나무, 산 딸 나무, 산수유, 대나무, 차나무 등 우리나라 고유의 향토수목 50여종과 원추리, 비 비추, 맹문동 앵초 등 야생화 30 여종을 직접 볼 수 있는 곳이다. 잔디밭, 연못, 산책로, 쉼터도 조성되어 있다. 시간대별로 다양하고 특색 있는 등산로 짧게는 30분 코스에서부터 길게는 4시간 코스까지 상황과 형편에 따라 다양하게 등산을 즐길 수 있다. 가마 골 최고봉인 치재산(591m)에 오르면 추월산 너머로 담양읍까지 조망할 수 있다.

담양군 용추산을 중심으로 한 가마골 용소 | 사진출처. 담양군청

2-4. 추월산

담양읍에서 북쪽으로 14km쯤 가면 전남 5대 명산 중의 하나인 해발 731m의 추월산 을 만나게 된다. 담양읍에서 보면 스님이 누워 있는 형상인데 각종 약초가 많이 자생하고 있어 예로부터 명산으로 불렸으며, 진귀종의 추월산 난이 자생하는 곳으로도 유명하다. 추월산 하부는 비교적 완만한 경사를 이루고 있고, 노송이 빽빽이 들어차 있어 여름이면 가족을 동반한 관광객들에게 더없는 휴식처가 되고 있으며, 그리 높지 않지만 그렇다고 쉽게 오를 수 없는 산 능성으로 연중 등산객의 발길이 이어지는 곳이다. 또한 경칩(2~3월)을 전후해서 용면 분통 마을 주변에서 나는 두릅은 상큼한 향기와 특유한 맛으로 봄의 미각을 한껏 돋우어 준다. 산 중부의 울창한 숲을 지나 추월산 정상에 오르면 기암절벽이 장관을 이루고 산 아래에 널찍하게 펼쳐지는 담양호와 한데 어우러져 그야말로 절경을 이룬다.

추월산 전경 | 사진출처. 담양군청

금성산 전경 | 사진출처. chulsa.kr/10801830

2-5. 금성산

산성산은 용면 도림리 와 금성면 금성리, 전라북도 순창군의 도계를 이루는 산으로 높이가 605m이며 담양읍에서 북동쪽으로 약 6km 떨어져 있다. 동쪽으로 마주하고 있는 광덕산을 포함한 일대의 산성산은 사방이 깎아지른 암벽과 가파른 경사로 되어 있는데 특히 주봉인 철마봉의 형세는 주위가 험준한 암석으로 둘러싸이고 중앙은 분지로 되어 있어 예로부터 요새지로 이용되어 왔다. 그 대표적인 유적이 금성산성 이다. 금성산성은 고려시대에 쌓은 것으로 전해오는데 산성의 둘레가 7,345m이고 성 안에는 곡식 2만 3천 석이 해마다 비축되었다 한다. 특이한 점은 금성산성 밖에는 높은 산이 없어 성문 안을 전혀 엿볼 수 없는 형세를 잘 살펴서 지은 성으로 평가받고 있다. 북의 성문과 성벽이 거의 그대로 남아있다. 일단 산성 안으로 들어가면 아직도 곳곳에 우물이나 절구통 같은 유물들을 찾아볼 수 있으며 산성의 동문 밖은 전라북도 순창군의 강 천사 등 관광명소와 바로 연결되는 길이 있어서 관광코스나 호반유원지로서도 주목을 받고 있다.

2-6. 병풍산

병풍산 전경 | 사진출처. media24.kr/24077

담양읍에서 서북쪽으로 약 8km 지점에 있는 이 병풍산은 담양군 대전면, 수북면, 월산면 장성군 북하면에 경계를 이루고 있다. 담양군 수북면 소재지에서 병풍산을 바라보면 왜 이 산을 병풍산이라 했는지 쉽게 짐작할 수 있다. 오른쪽 투구봉에서 시작하여 우뚝 솟은 옥녀봉, 중봉, 천자봉을 거쳐 정상인 깃대봉과 신선대까지 고르게 뻗은 산줄기는 한눈에 보아도 틀림없는 병풍이다. 병풍산은 높이가 822.2m로 노령산맥에 위치하고 있는 산중에 가장 높은 산이다. 또한, 북동에서 남서쪽으로 길게 뻗은 병풍산은 등줄기 양옆으로 무수히 많은 작은 능선이 있는데 이 능선 사이에 일궈진 골짜기가 99개에 이르는데 이중 한 개 골짜기만 빼고 나머지의 골짜기는 항상 물이 흐르고 있다.

2-7. 삼인산

대전면 행성리 와 수북면 오정리 경계에 있는 산으로 높이 564m이다. 산 북쪽에는 삼인동(三人洞)이라는 마을이 있다. 삼인산(三人山)은 몽선암(夢仙庵)으로 불러왔다. 지금부터 1천2백여 년 전 『견훤 난』때 피난 온 여인들이 끝내는 몽선암에서 몽골(蒙古)의 병졸들에게 붙잡히게 되자, 몽선암 에서 절벽 아래로 떨어져 몽골 병졸들의 만행을 죽음으로 항쟁했다는 것이다. 그 후 이성계(李成桂)가 국태민안(國泰民安)과 자신(自身)의 등국(登國 = 임금의 자리에 오름)을 위해 전국의 명산(名山)을 찾아 기도하던 중 이성계(李成桂)의 꿈에 삼인산(三人山)을 찾으라는 성몽 끝에 담양의 삼인산(三人山)을 찾아 제를 올리고 기도하여 등극하게 되자 꿈에 성몽 하였다 하여 몽성산(夢聖山)이라 하였다고 전해오고 있어 몽선 산(夢仙 山)이 오랜 세월 동안에 변하여 몽선산(夢聖山)이 되었다는 일설도 있어 주민들의 판단에 맡긴다. 애초 三人山의 명칭은 산의 형태가 사람人자 3자를 겹쳐 놓은 형국 이라 하여 三人山이라 이름 하였다. 산 북쪽에

삼인산 전경 | 사진출처. indica.or.kr

아래 있는 三人洞 마을은 1750년경(英祖) 무안(務安)에서 함양인(咸陽人) 유학자(儒學者) 박해언(朴海彦)이 풍수지리설을 따라 명당을 찾았던 곳이 삼인산(三人山이)다. 산세가 좋고 산 아래는 만물이 태생하는 터가 자리 잡고 있어 정착하였다는 것이다.

2-8. 메타세쿼이아 길

대나무 숲 외에도 메타세쿼이아라는 가로수가 심어져 있어서 이국적이며 환상적인 풍경을 만들고 있다. 멀리서 보면 옹기종기 줄을 서서 모여 앉은 요정들 같기도 하고 장난감 나라의 꼬마열차 같기도 하다. 길 가운데에서 쳐다보면 영락없는 영국 근위병들이 사열하는 모습이다. 질서정연하게 사열하면서 외지인들에게 손을 흔들어 준다. 메타세쿼이아(Metasequoia) 가로수 길은 1972년 담양군(제19대 김기회 군수)에서 국도 24호선, 군청~금성면 원율 삼거리 5km 구간에 5년생 1,300본을 식재하여 조성한 길이다. 당시 어려운 재정여건에도 불구하고 군비를 확보하여 나무를 심고 가꾸었으며 이후 담양읍과 각 면으로 연결되는 주요도로에 지속적으로 식재 관리하여 담양의 아름다운 메타세쿼이아 가로수길이 되었다. 이 길을 가다 보면 이국적인 풍경에 심취해 나도 모르는 사이에 남도의 길목으로 빠져들고 만다. 초록빛 동굴을 통과하다 보면 이곳을 왜 '꿈의 드라이브코스'라 부르는지 실감하게 될 것이다. 무려 8.5 km에 이르는 국도변 양쪽에 자리 잡은 10~20m에 이르는 아름드리나무들이 저마다 짙푸른 가지를 뻗치고 있어 지나는 이들의 눈길을 묶어둔다.

이 길은 푸른 녹음이 한껏 자태를 뽐내는 여름이 드라이브하기에 가장 좋다. 잠깐 차를 세우고 걷노라면 메타세쿼이아나무에서 뿜어져 나오는 특유의 향기에 매료되어 꼭 삼림욕장에 온 것 같은 착각에 빠지게 된다. 너무나 매혹적인 길이라 자동차를 타고 빠르게 지나쳐 버리기엔 왠지 아쉬움이 남는 길이다. 자전거를 빌려서 하이킹을 한다면 메타세쿼이아 길의 참모습을 누리기에 더없이 좋지 않을까 싶다. 오래전 고속도로 개발계획이 발표되었을 때 이 도로가 사라질 위험에 처한 적이 있지만 많은 지역 주민들의 반대로 도로가 비켜날 만큼 세인들에게 중요한 곳으로 인식된 곳이다.

영화 "화려한 휴가"에서 영화 초반에 택시기사 민우(김상경)가 메타세쿼이아 가로수 사이로 쏟아지는 눈부신 햇살에 행복해하는 모습이 촬영되었다.

메타세쿼이아 가로수 길

2-9. 죽녹원

담양군에서 조성한 담양읍 향교리에 위치한 죽녹원은 죽림욕장으로 각광을 받고 있다. 관방제림과 담양천을 끼는 향교를 지나면 바로 왼편에 보이는 대숲이 죽녹원이다. 죽녹원 입구에서 돌계단을 하나씩 하나씩 밟고 오르며 굳어 있던 몸을 풀고 나면 대나무 사이로 불어오는 대 바람이 일상에 지쳐 있는 심신에 청량감을 불어 넣어준다. 또한, 댓잎의 사각거리는 소리를 듣노라면 어느 순간 빽빽이 들어서 있는 대나무 한가운데에 서 있는 자신이 보이고 푸른 댓잎을 통과해 쏟아지는 햇살의 기운을 몸으로 받아내는 기분 또한 신선하다. 죽녹원 안에는 대나무 잎에서 떨어지는 이슬을 먹고 자란다는 죽로차(竹露茶)가 자생하고 있다. 죽로차 한 잔으로 목을 적시고 죽림욕을 즐기며 하늘을 찌를 듯이 솟아오른 대나무를 올려다보자. 사람을 차분하게 만드는 매력 또 한가지고 있는 대나무와 댓잎이 풍기는 향기를 느낄 수 있을 것이다.

죽녹원산책길 | 사진출처. 담양군청

2-10. 소쇄원

소쇄원은 양산보(梁山甫, 1503~1557)가 은사인 정암 조광조(趙光祖, 1482~1519)가 기묘사화로 능주로 유배되어 세상을 떠나게 되자 출세에의 뜻을 버리고 자연 속에서 숨어 살기 위하여 꾸민 별서정원(別墅庭園)이다.

주거와의 관계에서 볼 때에는 하나의 후원(後園)이며, 공간구성과 기능면에서 볼 때에는 입구에 전개된 전원(前園)과 계류를 중심으로 하는 계원(溪園) 그리고 내당(內堂)인 제월당(霽月堂)을 중심으로 하는 내원(內園)으로 되어 있다. 전원(前園)은 대봉대(待鳳臺)와 상하지(上下池), 물레방아 그리고 애양단(愛陽壇)으로 이루어져 있으며, 계원(溪園)은 오곡문(五曲門) 곁의 담 아래에 뚫린 유입구로부터 오곡암, 폭포 그리고 계류를 중심으로 여기에 광풍각(光風閣)을 곁들이고 있다. 광풍각의 대하(臺下)에는 석가산(石假山)이 있다. 이 계류구역은 유락공간으로서의 기능을 지니고 있다.

내원(內園) 구역은 제월당(霽月堂)을 중심으로 하는 공간으로서 당(堂)과 오곡문(五曲門) 사이에는 두 계단으로 된 매대(梅臺)가 있으며 여기에는 매화, 동백, 산수유 등의 나무와 기타 꽃나무가 심어졌을 것으로 생각된다. 오곡문(五曲門) 옆의 오암(鰲岩)은 자라바위라는 이름이 붙여지고 있다. 또 당 앞에는 빈 마당이 있고 광풍 각 뒷편 언덕에는 복숭아나무가 심어진 도오(桃塢)가 있다.

당시에 이곳에 심어진 식물은 국내 종으로 소나무, 대나무, 버들, 단풍, 등나무, 창포, 순채 등 7종이고 중국 종으로 매화, 은행, 복숭아, 오동, 벽오동, 장미, 동백, 치자, 대나무, 사계, 국화, 파초 등 13종 그리고 일본산의 철쭉, 인도산의 연꽃 등 모두 22종에 이르고 있다.

소쇄원은 1530년(중종 25년)에 양산보가 꾸민 조선시대 대표적 정원의 하나로 제월당(霽月堂), 광풍각(光風閣), 애양단(愛陽壇), 대봉대(待鳳臺) 등 10여 개의 건물로 이루어졌으나 지금은 몇 남아 있지 않았다.

제월당(霽月堂)은 '비개인 하늘의 상쾌한 달'이라는 뜻의 주인을 위한 집으로 정면 3칸, 측면 1칸의 팔작 지붕 건물이며, 광풍각(光風閣)은 '비갠 뒤 해가 뜨며 부는 청량한 바람'이라는 뜻의 손님을 위한 사랑방으로 1614년 중수한 정면 3칸, 측면 3칸의 역시 팔작지붕 한식이다. 정원의 구조는 크게 애양단(愛陽壇)을 중심으로 입구에 전개된 전원(前園)과 광풍각(光風閣)과 계류를 중심으로 하는 계원(溪園) 그리고 내당인 제월당(霽月堂)을 중심으로 하는 내원(內園)으로 구성되어 있다.

도가적(道家的)인 색채도 풍겨 나와 오암(鰲岩), 도오(桃塢), 대봉대(待鳳臺) 등 여러 명칭이 보인다. 제월당에는 하서 김인후(金麟厚)가 쓴 「소쇄원 사십팔영시(瀟灑園四十八詠詩)」(1548)가 게액 되어 있으며, 1755년(영조 31년)에 목판에 새긴 「소쇄원도(瀟灑園圖)」가 남아 있어 원래의 모습을 알 수 있게 한다.

소쇄원은 1528년 처음 기사가 나온 것으로 보아 1530년 전후에 착공한 것으로 보여 진다. 하서 김인후(河西 金麟厚)가 화순으로 공부하러 갈 때 소쇄원에서 꼭 쉬었다 갔다는 기록이 있고, 1528년 『소쇄정즉사(瀟灑亭卽事)』에는 간접적인 기사가 있다.

송강 정철(松江 鄭澈)의 『소쇄원 제초정(瀟灑園題草亭)』에는 자기가 태어나던 해(1536)에 소쇄원이 조영된 것이라 하였다. 1542년에는 송순이 양산보 의 소쇄원을 도왔다는 기록도 있다. 소쇄원은 양산보 개인이 꾸몄다기보다는 당나라 이덕유(李德裕)가 경영하던 평천장(平泉莊)과 이를 모방한 송순, 김인후 등의 영향을 크게 받았을 것이다.

1574년 고경명(高敬命)이 쓴 『유서석록(遊瑞石錄)』에는 소쇄원에 대한 간접적인 언급이 있어 당시 소쇄원에 대한 그림을 그릴 수 있다.

소쇄원 전경 | 사진출처. 담양군청

I-3. 슬로시티 창평

3-1. 슬로시티란?

급격한 도시화에 따른 인간성 회복과 자연의 시간에 대한 인간의 기다림을 표방하는 슬로 시티 컨셉을 도입하여 다른 지역과 차별화 된 이미지를 부각시켜 새로운 관광자원을 만드는데 슬로우 시티의 목적이 있습니다.

슬로시티는 1999년 이탈리아의 몇몇 시장들이 모여 위협받는 la dolce vita 즉 달콤한 인생의 미래를 염려하여 슬로시티운동을 출범시켰다.

공식 명칭은 치타슬로(Cittaslow), 유유자적한 도시, 풍요로운 마을이라는 의미의 이탈리아어이다. Slowcity의 출발은 느리게 먹기 + 느리게 살기 운동으로 시작된 것이다. 빠르게 변화하며 살아가는 도시인의 삶에 반대되는 개념으로 자연환경 속에서 자연을 느끼며 그 지역의 먹을거리와 지역의 독특한 문화를 경험하고 살아가는 삶을 표방한다. 지역 정체성을 찾고 지역민의 삶의 질을 높일 수 있는 동시에 급변 하는 도시인들에게 마음의 고향을 느끼게 할 수 있는 이른바 마을 공동체라고 할 수 있다. 현대 문명을 거부하고 과거로 회귀하자는 이념이 아니라 보다 인간적인 삶을 추구하기 위해 느림의 미학을 강조한 생활의 혁명이라 할 수 있다.

2002년 7월 이탈리아를 시작으로 현재 유럽을 비롯한 전 세계 30개국 244개 도시가 참여하고 있으며, 아시아 지역은 전남 4개 군만 지정 되었다. 현재 이탈리아에 국제슬로시티 연맹본부가 있으며, 전 세계 슬로시티 지정 도시 간 네트워크를 구성하여 자매간 도시 간 교류 협력 등 활발한 활동을 전개하고 있다. 담양군에서는 전통이 살아 숨 쉬는 창평면의 전통문화성을 소재로 아시아 최초로 슬로시티 국제연맹의 지정을 받았다.

내용출처. 담양창평슬로시티 홈페이지_ www.slowcp.com

3-2. 담양 창평 슬로시티 지정배경

담양 창평 슬로시티 지정배경슬로시티의 중요한 요건은 그 지역의 전통과 생태가 보전되었는가, 전통 먹거리가 있는가, 지역주민에 의한 다양한 지역공동체 운동이 전개되고 있는가이다. 담양군 창평면 일대는 이 3가지 조건을 어느 정도 충족시키고 있다는 점이 슬로시티로 지정된 이유다. 담양은 예로부터의 고택이 많이 남아 있으며 아직도 인근에 문화재가 많이 있다. 도심 인근의 농촌인데도 전통문화가 많이 남아 있어 현대와 전통이 조화를 이루고 있는 대표적 마을이기도 하다. 특히 삼지천 마을의 고택, 한옥마을에 펼쳐진 돌담길에서의 여유로운 산책은 방문객들의 슬로라이프 체험의 장이기도 하다.

3-3. 삼지내 마을 소개

고택과 돌담사이로 시간도 쉬어가고...담양 창평(昌平)은 본래는 백제 굴지 현으로 창평 현으로 그 명칭이 변화 했고, 1914년에 담양군에 통합되어 창평면을 이루었다. 근대 최초의 교육 기관인 영학숙(英學塾)과 창흥의숙(昌興義塾)은 창평 초교의 전신이며, 창평 쌀엿과 창평 시장의 창평 국밥 등이 잘 알려져 있다. 백제 시대에 형성된 마을로 동편의 월봉산과 남쪽의 국수 봉이 마치 봉황이 날개를 펼쳐 감싸 안은 형국으로 월봉천과 운암천, 유천이 마을 아래에서 모인다하여 삼지내 라고 하며 전통가옥과 아름다운 옛 돌담장이 마을 전체를 굽이굽이 감싸고 있어 아늑한 돌담길을 걷다보면 시간마저 쉬어 가는 듯 한다.

㉠삼지 내 고택
조선후기 전통적인 사대부 가옥으로 남방 가옥의 형태를 지니고 있으며 여러채 의 전통한옥 이 잘 보존되어 있어 전통마을의 가치를 더 한다.

㉡옛 돌담길
둥글게 자리 잡은 한옥 집들을 둘러 사람이 다니는 길로 둥글게 모나지 않게 조성된 돌담 의 길이는 약 3,600m에 이른다. 돌담에 쓰인 화강석은 강 상류의 돌로 알려져 있어 깨끗한 물이 흐르는 마을임을 상징한다. 사람을 품는 몸짓으로 마을의 길을 만들어 낸 돌담은 한 번에 세우고 무너뜨림이 없이 사람의 손으로 조금씩, 허물어진 곳을 보수하며 긴 생명을 이어 간다.

I-4. 담양 오방길

4-1. 황색로드 1코스 길

자연치유 및 감성계발을 유도할 수 있는 환상의 숲길로서 담양의 중앙에 해당되며 죽녹원, 관방제림, 메타세콰이아 가로수길이 바로 이어져 있어 다양한 자연치유와 감성계발을 유도할 수 있는 환상의 숲길이다. 여기에서는 전통 마을 숲에 대한 이해를 비롯해 우리 조상들의 삶의 지혜를 배울 수 있고 대나무 숲 죽 녹원 숲길은 일상생활에 지쳐있는 심신에 청량감을 불어 넣어 준다. 사계절 관광 할 수 있으며 담양읍내 권역으로 몸과 마음을 열어주는 산소길, 대숲으로 다양한 오감체험 할 수 있으며 숲과 나무를 통해 배운 조상들의 지혜를 엿볼 수 있으며 거대한 가로수가 만들어 낸 환상의 터널 숲길 메타세콰이어 길의 낭만을 즐길 수 있다.

황색로드-수목길(약 8.1km/2시간 35분)

죽녹원(5분)→관방제림(0.8km/20분)→추성경기장(1.0km/25분)→메타세콰이아길(1.6km/30분)
→금월교(2.0km/30분)→담양항공(2.7km/45분)→담양리조트

4-2. 흑색로드 2코스 길

산길 따라 물길 따라 걷는 명품 길로서 담양의 북쪽에 해당되며 담양호와 금성산성이 연계하고 있어 선선한 봄, 가을에 일상에서 벗어나 주변 경치를 즐기면서 자연과 하나가 될 수 있는 최고의 산책코스다. 굽이굽이 잘 조성된 숲길을 걸으며 사색에 잠기는 재미가 쏠쏠하며, 넓은 담양호 주변을 감고 도는 숲길은 확 트인 담양호 풍광에 마음까지 후련해지게 한다. 또한 금성산성 서문 쪽으로 들어서면 조상의 지혜가 고스란히 남아 있어 호국안보의 교육의 현장을 체험하고 담양 리조트 온천에서 피로를 풀며 휴식을 취할 수 있는 코스다. 사계절 관광이 가능하며 금성산성 권역으로 담양호를 따라 걷는 명상하기 좋은 길이며 담양호 담수 전 옛 주민 이야기 들을 수 있으며 조상의 지혜를 엿볼 수 있는 금성 산성 걸으면서 호국안보 교육을 위한 현장 체험 할 수 있는 코스이다.

흑색로드-산성길(약10.5km/3시간 25분)

담양리조트(1.3km/40분)→보국문(0.1km/5분)→충용문(0.8km/15분)→보국사터(1.0km/20분)→서문(1.5km/20분)
→금성산성 서문 쪽 입구(0.9km/20분)→수몰민 정자→고개쉼터(1.8km/40분)→담양리조트

내용출처. 담양군청 홈페이지_ www.damyang.go.kr

4-3. 백색로드 3코스 길

자연생태계를 관망 할 수 있는 산책길로서 담양의 서족에 해당되며 하천습지에서 서식하는 각종 동식물을 관찰하며 둑 방 길을 걷는 재미가 있다. 또한 하천 습지는 자생하고 있는 대규모의 대나무 숲과 계절마다 자연이 만들어낸 다양한 볼거리를 제공하고 있다. 가을관광 코스로 담양 하천습지권역으로 우리나라 제1호 하천습지 보전지구 이다. 철새 관찰 및 습지 생태 해설과 자연, 물, 사람, 문화와 만나는 길이며 녹차농촌체험 무공해 쌈 채소 재배 엿보기 등 다양한 동식물 서식지 태목리 대숲 길이 있는 코스입니다.

백색로드-습지길(5.2km/1시간 40분)
삼지교(1.5km/25분)→황덕마을 녹색농촌체험마을(3.0km/60분)→태목리 대숲 하천습지 보호구역(0.7km/15분)→하천습지 주차장

4-4. 청색로드 4코스 길

느림의 미학이 담길 길로서 슬로시티 삼지내 마을은 아직도 수세기 전의 평화로운 모습을 간직하고 있으며, 돌담길 사이로 보이는 고즈넉한 한옥은 옛 정취를 즐기기에 부족함이 없다. 맑은 바람, 햇빛, 그리고 전통 옹기들이 만들어내는 장맛으로도 유명한 삼지내 마을의 돌담길을 걷다보면 시간마저 쉬어가는 듯하다. 전남민속자료로 등록된 고택(고재선, 고재환, 고정주 가옥 등)은 조선후기 전통적인 사대부가옥으로 남방가옥의 형태를 지니며, 선인들의 삶을 엿볼 수 있다. 등록 문화재인 옛 돌담길은 논흙을 사용한 토석 담으로 고즈넉한 분위기를 연출하고 있다. 슬로시티 창평권역은 아시아 최초 슬로시티 삼지내 마을이 있으며 싸목싸목 돌담길을 걸으며 느림의 미학 체험할 수 있으며 학문과 자연치유의 길 남극루, 용운저수지, 상월정(근대교육의 요람) 항일구국길 상월정, 포의사 숲길이 있는 코스이다.

청색로드 1코스-싸목싸목 길(7.2km/ 3시간 40분)
창평면사무소(0.3km/30분)→돌담길(0.2km/10분)→남극루(1.6km/45분)→용운저수지(1.4km/45분)→상월정(1.3km/40분)→포의사(2.4km/50분)→창평면사무소

청색로드 2코스-싸목싸목 누정길(12.9km/ 6시간)
남극루(1.9km/40분)→창평컨트리클럽(0.6km/20분)→오강리1구오산마을(0.6km/15분)→오강2구강촌마을(1.4km/45분)→명옥헌(2.1km/40분)→고읍리(0.5km/20분)→봉황동마을(0.5km/15분)→수남학구당(2.4km/100분)→식영정, 한국가사 문학관(1.0km/30분)→소쇄원(1.9km/35분)→독수정원림

4-5. 홍색 로드 5코스 길

자연과 문학이 깃든 길로서 달관과 관용과 경치가 빼어난 면양정을 비롯하여 송강 정철이 선조 임금에 대한 그리움을 담아 사미인곡, 속미인곡을 지은 곳인 송강정, 넓은 뜰에 정자와 시냇물, 연못가에 만발한 백일홍이 더해져 독특한 아름다움을 풍기는 명옥헌 원림, 자연을 거슬리지 않고 약간의 손질만 더해 자연과 인공이 다정하게 어우러져 있는 조선시대 원림문화의 중심지이지, 원림건축의 백미인 소쇄원, 주변경치가 아름다워 그림자도 쉬어간다는 식영정 등이 있어 가사문학과 정자문화를 체험하며 걸을 수 있는 역사 문화 스토리텔링 탐방길 이다. 담양의 정자 문학권역으로 이야기가 있는 역사 스토리텔링 탐방로 체험 하며 다양한 형태의 정자를 따라 거닐며 탐방하고 선인들의 발자취를 즐겨보며 둑방길 따라 구간별 다양한 야생화와 동식물과 교감하는 코스이다.

백색로드-누정 길 코스(32km/ 11시간 15분)

관방제림(0.3km/5분)→대담미술관(2.0km/5분)→보건소(0.5km/15분)→담양교(1.6km/25분)→
양각교(0.8km/25분)→물재생관리소(5.0km/20분)→면양정(3.1km/40분)→삼지교(3.1km/45분)→
양지교(0.5km/15분)→양지분교(0.5km/20분)→송강정(2.1km/25분)→유산마을(0.5km/25분)→
수남학구당(2.4km/100분) → 식영정, 한국가사문학관(1.0km/30분)→소쇄원(1.9km/35분)→ 독수정원림

관방제림 | 사진출처. 담양군

PART II
도시재생 디자인

II-1 도시 디자인이란?

II-2 공공 디자인

II-3 도시재생 디자인

II-4 담양군 담빛길, 쓰담길을 통해 바라본 도시재생

Ⅱ-1. 도시 디자인이란?

도시 디자인이란 도시를 구성하는 여러 가지 형태의 시설물들의 디자인을 조율하고 개선하여 도시경관을 보전하고 개선하는 것이며, 도시 공간, 형태·조화·색채·조명 등 도시의 디자인에 대한 계획 및 사업을 수행하는 것이며, 도시디자인은 디자인과 공간을 분리하지 않고 도시 공간 자체로서 도시와 밀접한 상호성을 가지게 하는 것다. 또한 도시를 보기 좋게, 예쁘게 만드는 것인가? 그렇지는 않다. 도시 디자인은 시민들이 도시를 이용하기 '편리'하게 만드는 행위나 수단이다. 도시 디자인은 도시계획과 건축의 한계를 넘어선다. 특정 도시만의 느낌, 즉 어버니티를 갖춘 '참한 도시'를 만드는 것이 도시 디자인이다.

현대 사회에 오면서 이념과 경제보다 인간과 문화중심의 사회로 변하면서 도시공간이 문화생활(Culture Life)의 중심이 되어가고 있습니다. 독일의 정신분석학자 에릭프롬은 인간 생존의 양식이 소유 중심의 실존양식으로 변화하고 있다고 역설했습니다. 이와 같이 인간의 삶의 터전은 아름답고 쾌적한 도시환경을 조성하여 인간의 생활양식을 변화 시키고, 사람과 사람간의 관계를 향상 시켜서 인간이 만족할 수 있는 고 품질의 도시환경을 조성하기 위해 자연환경, 문화, 역사를 함께 어울릴 필요성이 있으며 도시환경을 발전시키고 국가경쟁력을 향상시켜 인간에 삶에 터전을 한 단계 업그레이드 시켜주는데 도시디자인의 목표이다. 또한 도시 디자인 요소로는 도시경관을 보전하고 개선하기 위해 도시 건축물 등의 공간계획 및 시설물의 공간 형태, 조화, 색채, 조명 등 도시 디자인의 요소에 대한 종합적인 접근이다.

〈표1〉 도시디자인의 요소

내용출처. 세종특별자치시 홈페이지_ www.sejong.go.kr

도시 설계는 '도시적인 디자인'을 의미한다. 그렇다고 도시 설계의 개념을 일반인이 이해하기 쉽게 할 목적으로 도시를 보기 좋게, 예쁘게 만들기 위한 방법이라고 풀어서 설명한다면 이는 틀린 설명이다. 도시 설계란 그 결과가 '보기 좋은' 것일 수 있지만 반드시 '예쁜 것'을 의미하지 않는다. 오히려 사람들이 이용하거나 사용하기 편리하도록 하는 수단의 의미가 더 크다. '편리'하다는 것 또한 전혀 새롭게 만들어진 것이 아니라 기존의 것을 인정하고 받아들여 맞춘다는 의미다. 도시 설계의 영어 표현은 '어번디자인(urban design)'으로, 1970년대 이후 국제적으로 통일되어 현재와 같이 통용되고 있다. 이렇게 표기되는 이유가 있다. '도시'라는 영어 단어로 '시티(city)'가 있으니 '시티 디자인(city design)'이라고 해도 무방할 듯하지만 그렇지 않다.

『나는 튀는 도시보다 참한 도시가 좋다』의 저자인 정석 서울시립대학교 교수는 블로그('정석의 걷고 싶은 도시, 살기 좋은 동네')에서 이에 대해 "도시 설계를 뜻하는 영어 표현으로 '시티 디자인'과 '어번 디자인'이 있으나 의미는 다소 다르다. '시티 디자인'은 '도시를 설계 한다' 또는 '도시를 설계하는 일'로 옮길 수 있고, '어번 디자인'은 '도시적인 설계' 또는 '도시다운 설계'를 의미 한다"고 언급하고 있다. 덧붙여 "설계를 뜻하는 '디자인' 앞에 붙은 '시티'는 명사이지만, '어번'은 형용사임에 유의"해야 한다고 강조한다. 결국 도시 설계란 '도시적인 설계' 또는 '도시다운 설계'를 의미한다.

어버니티는 특정 도시에서 느끼는 그 도시만의 좋은 '느낌'이 '어버니티(urbanity)'다. 어버니티는 '도시풍, 세련, 우아'의 뜻과 더불어 '도시성'이나 '어느 도시의 고유한 특성'을 의미한다. 그래서 '어버니티'가 있다는 말은 '도시적 매력'이 있다는 뜻이기도 하다. '도시적'이라거나 '도시다운'이란 바로 '도시적 매력'과 서로 통한다. 따라서 도시적, 도시다운 설계로서 도시 설계 즉, 어번 디자인은 도시적 매력을 만들어 내는 수단으로 이해될 수 있다.

청계천 도시재생사업

세계적으로 이름난 여러 도시의 공간(Spatial), 장소(Place)들은 도시적 매력으로서의 어버니티 가 있는 곳들이다. 미국 뉴욕 맨해튼의 첼시마켓(Chelsea Market)과 하이라인(High line: 최근 서울역 고가도로공원화 사업의 벤치마킹 대상이기도 하다), 세계 3대 미술관 가운데 하나가 된 영국의 테이트모던미술관(Tate Modern Collection), 프랑스의 보행 공간으로 유명한 프롬나드 플랑테(Promenade plantée), 절벽 위 파란 지붕과 하얀 벽으로 유명한 그리스의 산토리니(Santorini), 스페인의 빌바오 구겐하임미술관(Museo Guggenheim Bilbao) 등이 대표적이다.

서울역 고가의 모델인 뉴욕의 HighLine Park | 사진출처 phmkorea.com/18361

스페인 빌바오 구겐하임미술관 전경 | 사진출처. jorge-fernandez

매력적인 '도시풍' 또는 '도시성'은 건물이나 보행 공간에서 보일 수도 있고, 혹은 골목의 분위기일 수도 있으며, 도시를 바라보는 관찰자의 느낌일 수도 있다. 도시는 다양한 것으로 구성되며, 구성 요소 자체가 도시를 표현하는 대상들일 수 있기 때문이다. 그런 이유로 도시 속 '공간'은 단순히 비어 있거나 이용할 수 있는 의미로서의 '스페이스(space)'가 아니라 '공간적'으로 해석되는 '스페이셜(spatial)'인 것이다. 무언가 채울 수 있고, 이미 어떤 매력으로 채워진 '어버니티'가 있는 도시적 '공간(空間)'이 그 도시의 '아이덴티티(identity)'일 수 있다.

최근 정부는 2015년 말까지 전통문화를 기반으로 하는 우리나라의 정체성과 핵심 가치를 담은 '참 대한민국(True Korea)' 국가 브랜드를 만들기로 했다. 이를 위해 2015년 5월부터 6월까지 총 2만 2243점의 사진, 그림, 영상을 접수받았다. '참 대한민국' 브랜드에는 우리나라의 자랑스러운 역사와 전통이 담길 예정이며, 이를 통해 정부는 '코리아 프리미엄'을 이끌어 내려 하고 있다.

'참(true)'이라는 의미는 순우리말로 '생김새 따위가 나무랄 데 없이 말쑥하고 곱다'는 뜻을 갖는다. '얌전'하고 '점잖다'는 다른 뜻도 있다. 그런 이유로 정부가 만들려는 우리나라의 '참 대한민국' 브랜드는 그야말로 대한민국의 '참다운' 모습을 보여 줄 수 있어야 한다.

영국 뉴캐슬어폰타인, The Millennium Bridge at Sunse | 출처. 네이버 지식백과, 게티이미지코리아

뉴캐슬 어폰 타인(Newcastle upon tyne)은 영국 잉글랜드 동북부 타인위어주에 속한 도시로 흔히 뉴캐슬로 불린다. 조선 등 중공업이 유명했으나 지금은 서비스, 소매업 등이 중심 산업이다. 세계 최초로 전기 조명으로 불을 밝힌 도시의 명성에서 알 수 있듯 혁신적인 발명이 이루어진 곳이다. 유럽 최대의 여행박람회가 열리고 '영국에서 가장 친근한 도시'로 선정되기도 했다.

도시 설계를 통해 표현하는 어버니티가 '참 도시', '참한 도시'라면 이 도시는 어떠한 도시일까? 다양한 정의가 가능하지만 정석 교수가 『나는 튀는 도시보다 참한 도시가 좋다』에서 언급하고 있는 '참한 도시'는 안전하게 걷기 편한 도시, 차보다 사람이 중심인 도시, 골목이 있고 마을의 커뮤니티가 살아 있는 도시다. 그렇다면 참 좋은 도시, 참한 도시는 어떻게 만들 수 있을까? 바로 도시 설계를 통해 가능하다.

도시 설계가 도시 공간의 입체적인 조화, 기능의 능률화, 미적 특성 등을 강조하는 도시계획 과정의 독립된 분야로 등장한 것이 19세기 영국의 '뉴타운(New Town)' 정책부터이니 기존의 건축이나 도시계획 분야에 비해서는 늦게 태동되었다고 할 수 있다.

영국에서 태동한 도시 설계가 이후 미국의 '뉴 커뮤니티(New Community)' 정책으로 채택되어, 1838년 시카고박람회 이후 '도시미(City beautiful)'를 강조하는 새로운 설계 기법의 도입과 더불어 현재에 이르고 있다. 따라서 도시 설계, 도시 디자인은 현대 도시계획의 한계와 건축의 한계를 아우르는 통섭(Consilience)적 역할의 필요성에 따라 태동한 통합적 분야라고 할 수 있다.

도시 설계는 용도지역제, 즉 조닝(Zoning)으로 대표되는 현대 도시계획의 계획적 접근에 따른 디테일한 디자인 부족과, 개별 필지에 독창적인 건물을 건축하려는 도시적 차원의 모색이 부족한 건축 분야의 문제점을 보완한다. 공간과 공간, 건물과 건물, 공간과 건물 사이의 한계를 '도시적(Urban)' '디자인(Design)'으로서의 '도시 디자인(Urban design)'을 통해 극복하고자 하는 것이다.

도시의 중간 지대에 있는 길과 건축에 대한 자성과 반성의 담론을 담고 있는 책인 김성홍의 『길모퉁이 건축』에서는 '중간 건축'을 제안한다. '공간'과 '건축' 사이의 한계나 문제를 중간 건축을 통해 해결하자는 것이다. 그 필요성은 이렇다.

개발과 성장 중독증, 요란하고 얄팍한 디자인이 묘하게 결합된 도시 건축을 뒤돌아보는 것이다. 크고 높은 건물을 많이 지을수록 삶도 풍성해질 것이라는 '건설 신화'의 반대편에는, 삶의 공간도 상품처럼 예쁘게 꾸밀 수 있고, 곧 돈이 된다는 '디자인 경제주의'가 있다. 둘은 달라 보이지만 동전의 양면이다. (도시디자인, 2011. 10, 김성홍)

공간을 계획하는 법정 계획으로서 도시계획과 개별 필지에 건물을 짓는 건축 사이에 '중간 건축'이 필요한 것처럼 기존 도시계획과 건축 사이를 효과적으로 채우는 충전재로서 도시 설계의 역할은 더욱 강조될 필요가 있다. 도시 설계가 강조되면 될수록 건축물을 포함하는 도시 공간의 디테일이 살아날 수 있기 때문이다. 도로로 잘린 조선시대 서울 성곽을 잇고 복원하는 것 역시 도시 설계로 가능하다. 그것은 단순히 개발 시대에 잘린 옛 성곽을 복원하는 것이 아니라 600년 된 이야기를 되살리는 것과 같다. (도시 공공 디자인, 2016. 4. 1., 서정렬)

아름다운 조닝계획에 따라 설계된 섬 '산토리니' 경관

Ⅱ-2. 공공 디자인

공공디자인의 사전적 의미는 '공공장소의 여러 장비와 장치를 보다 합리적으로 꾸미는 일'이며 문명의 발달과 함께 도시화가 진행되고 기능이 한 층 분화된 사회가 발생되면서 공공장소를 아름답고 쾌적하게 만들기 위해 공공디자인의 개념이 생겼다고 설명 한다.[1]

공공디자인은 좁게는 국가, 지자체 및 공공단체 등이 소유, 설치, 관리하는 것으로 국가, 사회, 공동체 구성원 전체와 관계가 있는 공간, 시설, 정보, 상징물, 이미지 등에 대해 심미적, 기능적 경제적 요구를 검토 조정하는 종합적인 창조과정을 뜻하며, 보다 넓게는 사적영역에 해당이 되지만 개인의 자유의지에 따른 선택이 불가능한 상태로 주어져 일상적인 삶에 그 영향을 피할 수 없는 것으로 간주되는 건축물이나 미 술장식물, 간판등 공공성이 확보되어야 하는 디자인 영향까지 포함한다. 또한 인간과 관련된 모든 인공물이 공공디자인의 대상이지만, 공공디자인은 인간과 사회, 인간과 자연, 환경과 사회가 만나는 모든 접점에서 필요한 시각정보 디자인, 공공시설과 가로 장치물의 계획과 디자인을 위한 산업 및 제품디자인, 건물 외부와 내부의 주요 공간 디자인, 조명과 조경, 건축 주변의 외부 공간, 대상에 따라서는 주변의 도시맥락과 관련한 경관디자인까지 범주 모두를 포함하는 통합 디자인의 영역인 것이다.[2]

공공디자인은 경관, 도시디자인, 환경디자인의 영역과 공유 교차하는 영역이 만으며 일정한 기준이없이 각 주체마다 조금씩 상이하게 구분하고 있는 실정이다. 공공성 구현이라는 목적을 보면 중앙행정기관과 지방자치단체를 포함한 공공 기관이 시행의 주체가 되어 제작하고 관리하는 영역을 협의의 공공디자인 영역으로 볼 수 있으며, 공공디자인은 도시에 존재하는 사람을 포

---

[1] 두산백화사전, encyber.co.kr
[2] 세계유산으로 등록된 한국의 문화유산내 공공시설물 가이드라인에 관한연구, 상명대학교 학사논문, 2010, p19, 조희철.

함하여 공공공간의 공공매체, 공공시설물 등을 모두 포함하며, 이에 관련된 법규와 행정 정책까지를 대상으로 한다. 그 내용을 대별하면 사물, 공간, 이미지로 나눌 수 있고 구체적으로 말하자면 공공시설물, 공공 공간, 공공 시각매체로 대별된다.[3]

또 다른 예는 상업적 디자인과 구별하여 설명할 경우이다. '공공디자인은 디자인 주체와 객체, 지향하는 가치, 역할 등에 있어 상업적 디자인과 구별된다. 공공디자인의 주체는 기업이라기보다 정부와 기초단체와 같은 공공기관일 경우가 대부분이며, 객체는 특정 소비자라기보다 불특정 일반 공중이다."라는 의견이 있다.[4]

도시 공공 디자인은 기존 도시계획과 건축의 한계를 넘어선다. 과거의 경직된 공공성이 아니라 소통을 통한 이용자 중심의 공공성을 통해 도시 경쟁력을 높이는 것이 목표다. 세계적 도시들은 도시 공공 디자인을 통해 도시 브랜드를 만들었고 도시 정체성을 형성했다. 국가 브랜드보다 도시 브랜드가 더 앞서는 시대다. 도시 브랜드 형성의 첫 단추인 공공 디자인을 이해하기 위해 도시 디자인, 공공 디자인, 워커빌리티, 뉴어버니즘, 아이덴티티, 도시 브랜드, 젠트리피케이션, 문화콘텐츠, 리디자인, 공공성 등에 대해 살펴본다. 이 책이 시민 중심의 '살기 좋은 도시, 걷기 좋은 도시' 만들기를 통한 경쟁력 있는 도시 브랜드 구축의 바람직한 모색이 되길 기대한다.[5]

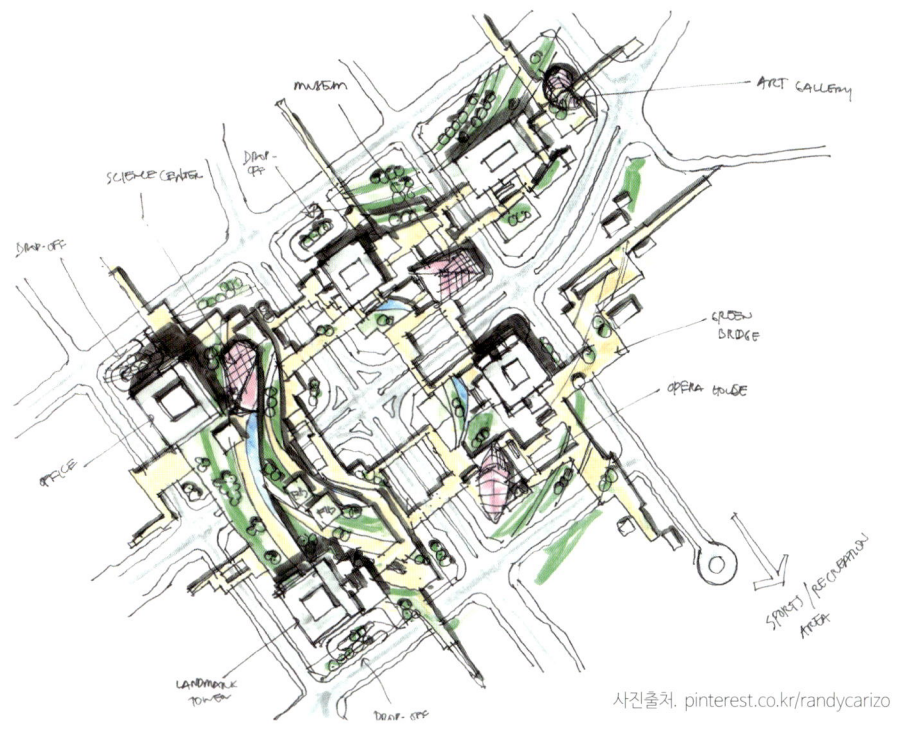

사진출처. pinterest.co.kr/randycarizo

---

3) 도심지 통합 지주형 가로시설물 디자인 연구, 홍익 대학원 석사논문, 2008, p8, 박지현.
4) 2008 공공디자인을 위한 국가건축 문화정책의 역할과 방향에 관한 연구. 대한건축학회논문집. 24(8), P118. 이상진.
5) 도시 공공 디자인, 2016. 4. 1., 서정렬.

"공공 디자인은 사적 공간의 일부와 공공 공간뿐 아니라 공공시설 등을 디자인적으로 고려해 미적, 기능적으로 꾸미는 일이다. '스트리트 퍼니처'로서의 가로등, 쓰레기통, 가두판매대, 공중전화 박스, 버스 정류장 등은 공공시설을 넘어 그 사회의 평균 미적 감각을 보여 주는 디자인 아이콘이기도 하다. '공공 디자인(Public design)'은 '공공성(Public character)'을 표현하는 디자인이다. 공공성이란 '한 개인이나 단체가 아닌 일반 사회 구성원 전체와 두루 관련되는 성질'이다. 공공 디자인이 '공공장소의 여러 장비·장치를 보다 합리적으로 꾸미는 정의된다는 점에서 공공 디자인은 공공성을 확보할 수 있는 '공권력(public power)'의 개입 과정 또는 행위라고 할 수 있다. 도시 디자인이 사적 또는 공적 공간을 두루 포함한다면 공공 디자인은 공적 공간에 국한된다.

공공 디자인의 대상이 되는 공공장소의 여러 장비·장치란 결국 공공 공간(Public space)과 공공시설이다. 국토교통부(2009)에서 공공 공간 및 공공시설에 대한 통합 디자인 체계 구축과 관련해 밝힌 공공 공간과 공공시설의 범위는 이렇다. 공공 공간은 ①주요 가로 공간(주요 도로와 연접 부지 포함), ②주차장과 광장, 공공 공지, 공원, 가로녹지(완충, 경관녹지) 그리고 ③하천 및 저류지, 생태 수로 등이다. 공공시설은 보다 세분된다. 우선 ①공공 건축(공공 청사, 문화시설, 학교, 파출소, 소방서, 우체국 등), ②특수 구조물(옹벽, 교량, 지하차도, 입체형 보도육교 등), ③옥외 가로 시설물로 나뉜다. 옥외 가로 시설물은 다시 ①교통 시설(방호 울타리, 가로등, 방음벽, 정류소 시설물, 자전거 보관대, 주차 안내 표지판 등), ②편의시설(공중화장실, 벤치, 휴지통, 음수대 등), ③녹지 시설(가로수 보호대, 가로 화분대, 가로 녹지대, 분수대 등)로 구분된다. 결국 개인 소유 이외의 도시 공간에 존재하는 거의 모든 공적 공간의 시설물들이 공공 디자인의 대상이라고 할 수 있다. 따라서 공공 디자인은 도시 디자인의 한 부분으로 '사적 소유 이외의 공적 공간에 설치된 공공 시설물들을 디자인적으로 고려해 미적으로뿐만 아니라 기능적으로 합리적으로 꾸미는 일'이라고 할 수 있다.[6]

우리나라가 도시 설계 분야에 관심을 갖게 된 것은 88서울올림픽을 앞둔 시점이었다. 당시에 관심을 끌었던 것은 공공 디자인이었다. 1984년 10월 19일 자 ≪경향신문≫에 "도시 성형(都市性形)"이라는 제목으로 가십 형태의 기사가 실렸다. 지금의 도시 설계라는 용어를 그때는 도시의 모습을 바꾼다는 의미로 '성형(性形)'이라고 사용한 듯하다. 해당 신문기사를 한번 살펴보기로 한다(당시의 기사 원문 일부를 그대로 옮기는 까닭에 한자도 많고 지금의 문체나 띄어쓰기, 단어의 뜻이 다를 수 있다).

---

[6] 도시 공공 디자인, 2016. 4. 1., 서정렬.

◀ 서울시 중심가의 서소문공원 | 사진출처. 대한건축사협회 건축사신문

광화문 미디어 파사드

도시의 쾌적성 면에서 생각할 때 서울은 어떤가. 〈아름다운 서울에서 살으렵니다〉란 서울讚歌(찬가)도 있지만, 과연 아름다운 도시일까. 도시문제세미나에 참석차 서울에 왔던 영국의 한 도시 전문가는 서울을 날카롭게 비판한 적이 있다. "人間工學的(인간공학적) 배려"에 실패한 도시라는 것이다. 육교와 지하도 등 도로구조부터가 자동차 중심이고 무엇보다도 綠地(녹지) 공간이 인색한 게 흠이라고 지적했다.

서울시는 88올림픽에 대비해 서울의 중심가로에 대대적인 성형수술을 단행할 채비다. 世宗路(세종로) 종로 율곡로 강변고속도로 올림픽가로 등 5개 가로변 17곳에 역사공원, 가로공원, 상징탑, 조각 분수대 등을 설치한다는 것이다. 휴식공간이 없는 「시멘트 숲의 도시」에 대한 晩覺(만각)이다. 그러나 늦었어도 안하느니 보다는 낫다. 다만 도심부만을 치장함으로써 몸은 안 씻고 얼굴만 化粧(화장)한 꼴이 안됐으면 좋겠다. 지금의 도시 설계라는 용어가 30여 년에는 '도시 성형'이라 명명되었고 도시 설계의 반영을 여성들이 '화장'하는 것에 비유했다는 것 또한 흥미롭다. 이 기사 게재 전후로 수도 서울에 대한 도시 디자인의 사회적 요구와 필요성이 대두되었으며, 공공 디자인으로서의 도시 설계가 도시계획에 반영되기 시작했다고 할 수 있다.[7]

---

[7] 도시 공공 디자인, 2016. 4. 1., 서정렬.

'스트리트 퍼니처(street furniture)'는 길거리에서 만나는 공공 디자인이 반영된 가로 시설물들을 통칭한다. '거리의 가구'라는 뜻처럼 공원이나 가로 또는 광장 등에 설치되어 있는 작은 건조물들, 예를 들면 벤치, 우체통, 안내판, 가두판매대(키오스크, kiosk), 공중전화 박스, 택시나 버스 정류장 및 정류장 표시물 등이 모두 여기에 해당된다. 스트리트 퍼니처는 그 도시에 대한 첫 인상을 좌우하는 요소이기도 하다. 따라서 이들 대부분이 공공 디자인의 대상이 된다.

스트리트 퍼니처를 단순히 디자인이 가미된 가로 시설물로 봐서는 안 된다. 그것은 자체로 특정 도시의 정체성(Identity)을 보여 줄 뿐만 아니라 도시의 쾌적성을 의미하는 어미너티(Amenity)와도 연관된다. 건축 전문 기자였던 고 구본준 기자는 자신의 블로그 '구본준의 거리 가구 이야기'에서 스트리트 퍼니처에 대해 도시·건축 및 사회·문화적 관점에서 이렇게 평가한다. 스트리트 퍼니처는 공공적 성격 때문에 그 사회 전체의 평균 미감을 보여 주는 디자인 아이콘이랄 수 있습니다. 또한 그 사회 구성원들의 미적 선호도를 대변하는 물건이라고 할 수 있지요. 때로는 새로운 미술사조가 스트리트 퍼니처란 장을 통해 꽃처럼 피어나기도 합니다. 스트리트 퍼니처는 단순한 거리의 장치물이 아니다. 가로의 경관을 결정할 뿐만 아니라 도시에서 동시대를 살아가는 시민들의 미적 감각이나 수준을 가늠하는 '잣대(Standard)' 역할을 할 수 있다. 거리의 '가로(Street)' 역시 무언가 장식이 필요한 '공간(Spatial)'이고 그렇다면 가로 공간에 보기 좋은 장식으로 가구가 필요하다는 것인데, 가로를 장식하는 가구(Furniture)의 수준이 그 도시와 동시대를 사는 사람들의 평균적인 미적 감각과도 연결된다는 구본준의 지적은 스트리트 퍼니처를 통해 특정 도시와 그 도시 안에 거주하는 시민들의 문화 수준까지 살필 수 있다는 의미기도 하다.

상해 신천지 거리

인사동을 대표하는 문화명소 쌈지길

더욱 중요한 점은 스트리트 퍼니처가 설치되어 있는 공간들이 길로 연결되며, 길이라는 공간이 쓸모 있게 되려면 스트리트 퍼니처 자체가 쓸모 있어야 한다는 점이다. 그러면서도 "거리의 가구인 스트리트 퍼니처는 개인 것이 아니며, 사회 구성원들 모두의 그리고 도시라는 거대한 구조물이 제대로 돌아가도록 음지에서 기능하는 존재라는 점"에서 스트리트 퍼니처의 디자인이나 색감 등이 지나치게 도드라질 필요는 없다.[8]

현대는 '공공의 시대'다. 김유경·김유신(2015)은 공공의 시대로서의 '공공성'이란 "공적 영역이나 사적 영역에 존재하는 기업, 기관, 정책, 행정 서비스가 공히 갖추어야 할 보편적 정체성이며, 각 기관은 각자의 특성에 따라 특화된 공공적 아이덴티티를 정립해야 한다"고 강조한다. 공공의 시대로서의 공공성이 공간적 개념인 '장소'와 결합되면 '장소의 공공성'이 생긴다. '장소의 공공성'에 대해 김유경·김유신(2015)은 "장소의 공공성은 누구나 접근할 수 있다는 것에서 출발하는 것이 아니라, 공공에 대한 인식을 토대로 그 장소에 접근할 때 비로소 공공성을 가진다"고 설명한다. 그 장소가 사적 영역이든, 공적 영역이든 상관없이 공공성은 필요하다는 의미이기도 하다. 도시 디자인이 기존 도시계획과 건축의 한계를 극복하는 도시적인 설계를 의미하듯, 도시 공공 디자인은 사적이거나 공적이거나 상관없이 공공성에 근거한 도시적 공공 디자인이라고 할 수 있다. 최근 건축물을 건축할 때 사적 소유권이 있는 공간이지만 공공성을 제공하는 공개 공지 등이 '장소의 공공성'을 설명할 수 있는 사례다. 이러한 장소의 공공성을 도시적으로 설계하고 확보하는 것이 도시공공 디자인이라고 할 수 있다.[9]

---

[8] (구본준의 거리가구이야기 중. | 출처. bonz1969.tistory.com/1?category=792341)
[9] 도시 공공 디자인, 2016. 4. 1., 서정렬.

Ⅱ-3. 도시재생 디자인

21세기 산업시대와 지식정보사회를 지나 4차 산업사회로 변환 되는 시점에 인류는 신종 바이러스와의 전쟁을 치르고 있습니다. 이에따라 애기치 못한 사회적 트렌드가 우리의 일상에 많은 변화를 가져다 주고 있습니다. 현대사회의 급속도로 발전한 경제성장과 함께 무분별한 확장을 거듭해 오던 도시가 경제의 고도성장이 붕괴되고, 산업구조의 변화, 주거환경의 노후 등으로 쇠퇴하기 시작했다. 그런 도시의 기능을 되살리고자 토지 이용률을 높이고 경제 활력을 불어넣을 '도시재생'이 해결책으로 제시됐다. 도시재생은 경제적·사회적·물리적·환경적인 활성화를 꾀하고자 한 방법이었지만, 현장에서는 가시적인 성과를 내기 위해 물리적인 환경정비에 더 중점을 두고 있다. 현재 지방 도시의 빈 집화 현상은 지방의 경제적, 사회적 문제로 심화되고 있다. 정부도 이러한 문제를 해결하고자 다양한 도시재생 사업을 진행 하고 있으며, 이전에 것을 부수고 새롭게 건축하는 환경 파괴적 방식을 지양하고 지역성을 문화 컨텐츠로 차별화는 문화적 도심 재생 사업이 주목받고 있다. 또한 현재 밀레니엄 세대에게 뉴투로(Newtro) 라는 트랜드가 새로운 문화적 경험으로 인식 되고 있으며 지역성을 살린 전시 문화공간이 지방 도시를 활성화하며 정부에서도 이러한 문제를 해결하고자 '한꺼번에 몰아내면 재개발, 하나씩 몰아내면 재생'이라는 자조 섞인 탄식이 나오며 도시재생의 한계를 드러내고 있다.

특히 국내 주요 도시들에서 전개되는 양상은 인구증가와 산업적·기능적 합리성에서 벗어나지 못하고 있다. 도시의 규모나 상황에 따라 양상은 다르지만 대도시는 법규 디자인을 바탕으로 단기간에 도시 외곽지역을 점거한 아파트가 지금은 재개발, 재건축, 지역주택조합을 앞세워 그 영역을 도심 및 기성 시가지까지 넓혀가고 있다.

이를 극복하고자 기존의 도시재생사업에 역사·문화의 복원, 친환경 신재생에너지사업, 일자리 창출 등을 더해 도시 환경을 개선하는 도시재생뉴딜사업이 화두로 떠올랐다. 문재인정부의 국책사업으로 등장한 도시재생뉴딜사업으로 주거환경의 개선과 낙후된 산업단지의 경제 활력에 대한 기대감이 높아지고 있다. 특히 일회성 사업에 그쳤던 기존 도시재생을 '지속가능한 도시재생'으로 만들려는 노력도 시도되고 있다. 매년 100여 곳 가까이 선정하고, 10조 원이라는 예산을 투입하는 만큼 도시재생사업을 성공적으로 시행할 든든한 토대 또한 마련됐다. 도시재생 과정에서 인간관계와 공유의식, 커뮤니티와 합의 형성이 어떻게 이루어지고 도시 활력을 만드는 공간적 가치와 매력이 어떻게 재생되며, 행정은 어떤 역할을 하는지 알려준다. 뿐만 아니라 사람과 건물, 동네의 관계성이 어떻게 재생돼 '사람의 도시'가 되는가도 생생히 보여준다.

공공디자인은 지역의 역사성을 기반으로 지역의 정체성을 다시 세울 수 있고, 이를 통해 지역을 활성화 시킬 수 있는 좋은 도구입니다. 그러나 최근 현장에서 벌어지고 있는 공공디자인 사업은 도시의 옛 모습을 모두 밀어버리고, 새로운 것만을 만드는 방식으로 진행된다는 우려의 목소리가 나오고 있다. 공공디자인 사업이 오히려 지역의 정체성을 망각한 채 앞서나간 몇몇 도시를 복제하는 수준에 그치고 있다는 지적입니다. 또한 그 규모가 대형화되면서, 예산이 부족한 중소도시의 경우 엄두도 못내는 사업이 되어버렸다. 공공디자인 사업은 빛나는 지역을 더욱 빛나게 할 수도 있지만, 빛을 잃어가는 지역에 다시 빛을 비추는 기회가 될 수도 있습니다. 중소도시의 경우 신시가지 위주의 도시 확장으로 인해 상대적으로 원도심이 쇠퇴하고 있습니다. 인구는 점점 줄어들고, 빈 점포가 늘어나면서 원도심이 무너지고 있습니다. 이러한 상황에서? '밀고 새로 짓는' 방식으로 벌어지는 도시재생 사업은 근근이 명맥을 유지해오던 지역의 역사와 공동체까지 훼손하고 있습니다.

도시재생'의 명목으로 추진되는 사업들이 오랜 문화와 역사를 싹쓸이하는 재개발, 재건축으로 이루어지고 있어 그 한계를 드러내고 있으며 '도시재생 디자인'을 기획·평가하는 데 있어서 명확한 기준을 제시하지 못하고 있다. 그리고 도시재생 디자인'을 기획·평가함에 있어서 해당 도시의 장소와 관계를 고려하여 역사와 정체성을 드러낼 수 있는 상징을 통해 그 도시만의 고유한 브랜드를 정립할 수 있는 방향으로 이루어져야 한다는 명확한 기준을 제시함과 동시에 디자인 관련 학과의 '도시재생 디자인'과 관련한 다양하고 심도 있는 학술적 연구 참여의 폭을 넓혀줄 필요가 있다는 시사점을 제기하는 데 그 의의가 있다.[10]

---

10) 도시재생, 현장에서 답을 찾다, 조용준 외 35인, 미세움.

◀ 스페인 뷔르트 라리오하 박물관 정원 | 출처. www.archdaily.com

II-4. 담양군 담빛길, 쓰담길을 통해 바라본 도시재생

도시사회학자 멈포드(L. Mumford)는 그의 저서〈역사 속의 도시〉(the city in his-tory)에서 "도시는 문명의 저장고"와 같다고 지적했다. 이는 도시가 인류문명의 발생과 함께 축척해온 다양한 유산이 함축된 하나의 결과물이라는 것을 의미한다. 이러한 맥락에서 담양군의 지역적 정체성을 말하자면 담양군은 죽녹원, 관방제림 등 지역의 대표적인 관광지와 지리적으로 연속되어 있는 구간에 위치하고 있으며, 이 같은 지리적인 특징으로 담양은 광주에서 20분 거리이며 중부 및 영남권을 잇는 교통의 요충지로 호남고속도로, 고창담양고속도로 및 광주대구간고속도로 등이 지나는 접근성이 뛰어난 곳에 위치하고 있습니다.

담양군 담빛길에 조성된 쉼터

담양군 메타프로방스

또한 국내 최대의 대나무 산지로, 생태 및 문화관광자원이 풍부한 전라남도의 대표적인 생태 문화 관광도시로서 각광을 받고 있으며 2017년도 문화체육관광 '최우수축제' 로 선정된 담양대나무 축제가 죽녹원을 중심으로 열리며 많은 방문객들이 찾아오는 곳입니다. 현재는 빈 상가가 많은 옛 죽물시장 거리를 볼거리가 있는 문화예술의 거리로 만들어, 과거에 죽물시장이 열렸던 담양의 핵심 상업중심지로 번영을 누렸던 과거의 기억을 가지고 있으며, 담양의 새로운 명소로 재탄생하기 위해 문화와 예술을 품은 디자인 테마거리로 거리경관을 개선하는 사업이 필요하며 주민의 문화향유 공간으로 조성하고 방문객의 동선을 확장시켜 담빛길을 문화거점으로 디자인하며, 세월의 흔적을 간직한 거리에 담양군이 계획한 청춘에 거리 쓰담길 공간으로 만들어 근대와 현대, 생태와 문화, 예술과 관광이 소비로 이어지는 문화 인프라 구축을 통한 도시재생이 이루어진 곳으로 계획한다.

이러한 담양만의 정체성의 공공재생 디자인에 반영시키려면 담양의 역사와 전통의 1차적인 형상의 계승이아니라 정신을 현대화한 것, 즉 다른 지역과 차별화한 아이덴티티와 담양군만의 고유 화된 조형과 정신과 지역주민 지자체관계자 관광객들의 공감을 얻을 수 있는 것 등을 의미한다. 특히 담양군 담빛과 쓰담길 만들기의 공공재생 디자인은 가시적 조형요소들 보다 근원적 정서를 느낄 수 있는 천년의 담양군의 콘텐츠로 총체적 기획과 디자인이 구현되어야 한다.

다양한 문화자원과 접근성이 우수한 전라남도의 대표적인 생태관광도시 담양은 지역공동체 형성은 지역 고유의 콘텐츠 개발을 통해 나타낼 수 있으며 역사, 문화, 위인, 관광자원 등 담양 고유의 문호의 콘텐츠를 포괄적인 도시재생 디자인에 반영해서 [표2]은 담양 도시재생 만들기를 실행할 때 필요한 포괄적인 방향을 제시한 것이다.

[표2] 담양군 도시재생 디자인 방향

순번	항목	내용
1	담양의 정체성반영	담양의 정체성이 효과적으로 반영 되었는가?
2	담양 지역 이미지 향상 기여	담양의 이미지 향상에 도움이 되었는가?
3	담양지속가능성	담양 주민들의 주도로 사업이 진행되고 사업에 관심과 욕구가 반영 되었는가?
4	담양군의 컨텐츠	담양 마을만의 고유한 컨텐츠가 도시재생 디자인에 잘 표현 되었는가?
5	담양 마을 만들기 주제	담양 마을 만들기 주체는 주민이 되었는가?
6	지자체의 예산지원	담양 마을 만들기의 재원은 안정적으로 충당 되었는가?

PART III

담양군 도시재생 사업의 현황과 방향

1~5. 담빛길 1구간 ~ 4구간

6. 담빛길은 콘텐츠 공유의 공간이다.

7. 담양군 '돌아온 쓰담길'

8. 담양 에코허브센터

III. 담양군 도시재생
사업의 현황과 방향

1) 가던 길도 멈추게 만드는 담빛길 1구간 ~ 4구간

담양이라는 도시 브랜드 가치와 생활의 공간적 토대로서 담양을 긍정적으로 느끼도록 하는 것은 매우 중요하다. 도시의 기능이 원활하고 의미 있는 장소로써 아름답게 기억시키고 싶다면, 무엇보다도 도시공간의 디자인 과정을 평가하고 유기적으로 작동되게 시스템화하고 운영되어야한다. 담양군의 키워드인 죽녹원 대나무 숲 산책과 플라타너스 길을 거닐며 담양의 아름다움을 만끽하며 담양군의 키워드인 죽녹원 대나무 숲 산책과 힐링의길 관방제림의 뚝길을 따라 담양의 중심 담빛길 1구간부터 4구간의 거리를 걸으며 지난 천년의 전통을 죽물시장과 담양의 아름다운 자연환경을 밑거름 삼아 다시 태어나고자 한다.

담빛길은 도로명 주소가 아니라 담양군 문화재단이 원도심 활성화 사업 일환으로 국수거리 인근에 조성한 담빛길이 지역명소로 알려지면서 담양을 찾는 관광객에게 널리 알려졌다. 지난 2017년 1구간부터 시작해 해동주조장이 있는 4구간까지 조성하고 있는 문화생태도시 활성화하는 사업이다.

사업의 목적을 살펴보면, 원도심 주민과 관광객을 유입할 수 있는 상징성과 예술성을 겸비한 공공시설물의 설치와 침체된 골목길 및 빈 점포들을 리뉴얼하여 거리공연과 거리예술이 활성화 될 수 있는 기반시설을 설치하여, 재미와 추억이 있는 새로운 문화관광 포인트를 마련하는데 있다. 또한 문화예술의 활성화를 통해 인근 중앙로 상가 및 지역경제의 활성화에 기여하는데 있다.

내용출처. 네이버블로그_ blog.naver.com/aaii0/221501940801, blog.naver.com/huhajung/221477388806

국수거리부터 버스터미널까지 상권을 이용해 문화예술의 거리로 만들어 국수거리와 죽녹원, 관방제림 등 담양 원도심의 주요관광지를 찾는 관광객을 유도하기 위한 사업이며, 담빛길은 죽녹원과 국수거리를 찾는 관광객들을 담양읍 중심상가로 유입하고자 담빛길 1구간이 가지고 있는 '상징성과 문화가 담긴 문화거리' '담양의 감성과 즐거움이 깃든 공간'을 주제로 한 버스킹 공연존, 포토존, 빈 셔터건물에 아트벽화 등 시각적인 문화·예술 콘텐츠가 복합된 공간을 연출하는 사업이다. 담양군은 테마거리 조성이 완료되면 볼거리와 즐길거리의 대폭적증가로 관광객 유입 효과를 통한 지역경제 활력 등을 기대하고 있다.

담양군 문화재단이 원도심 활성화 사업 일환으로 담양국수거리 인근에 조성한 담빛길 전경

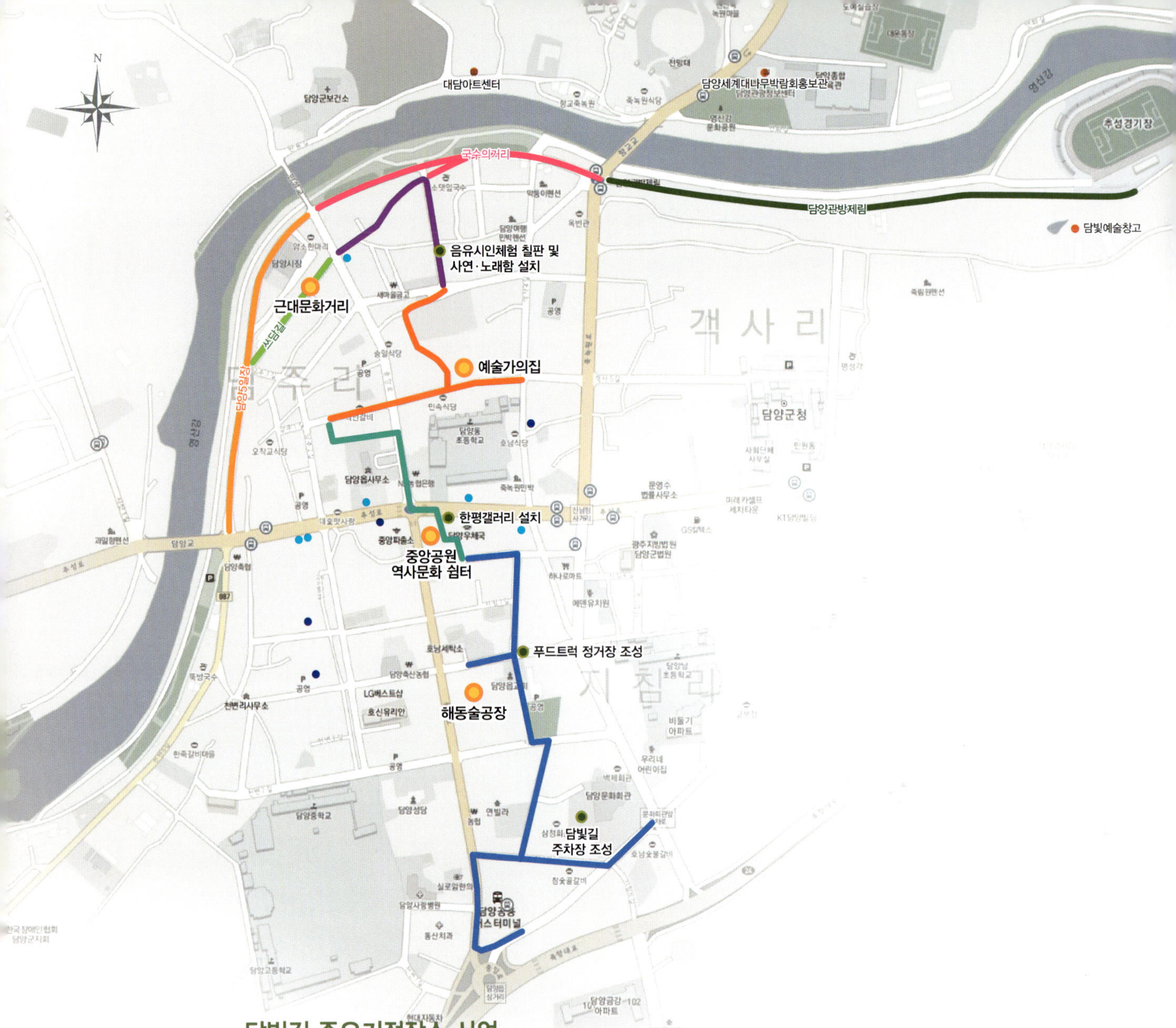

담빛길 주요거점장소 사업

근대문화거리 (조성예정)

- 마을기업 '청춘도시락'
- 담빛 라디오스타 스튜디오 조성

중앙공원 역사문화 쉼터

- 담빛 라디오 수신 시설 설치
- 대자리함, 자전거 거치대·벤치 디자인
- 시민생활문화제안 '달인' 공연 공간 활용
- 주민주도 마을만들기 활동 '담빛길 장터' 공간활용
  - 꼬마사장 플리마켓 프로그램 운영
  - 버스킹 공연 공간

해동술공장 (폐산업시설 활용 문화공간 조성예정)

- 담빛 문화학교 프로그램 운영
  - 악기, 음식, 도예, 미디어 등 주민 문화강좌
  - 주민 가드너 양성교육
  - 마을문화 코디네이터 양성교육
- 도시기록구축사업 '기억의 상자' 전시공간
- 시민 생활문화제안 '달인' 공연 공간
- 제안 : 소규모 영화관

예술가의 집

- 담빛문화학교
- 미술, 공예 등 주민 문화강좌

● (원도심자원) 전통가옥	거리미술관 1전시관	거리미술관 3전시관
● (원도심자원) 공중전화박스	거리미술관 2전시관	거리미술관 4전시관

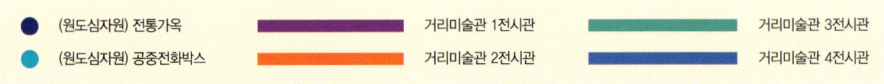

2) 창작공방거리 및 거리미술관-담빛길 1구간

담빛길 1구간은 지도에서 보듯 국수거리 인근이다. 주말이나 휴일이면 정말 엄청난 인파가 몰리는 곳으로 주민의 생생한 삶의 현장과 지역 소식을 알려주는 담빛라디오스타와 창작공방 등의 젊음과 문화가 넘치는 거리이다. 담빛 라디오스타는 담빛길 1구간의 거점으로서 유튜브와 담빛길에 설치된 스피커로 소식을 전하고 있다. 특히 창작공방거리에는 13개의 공방이 입주해 있으며, 공방 특성에 맞는 다양한 문화예술 강좌 프로그램등을 통해 담양 주민과 소통하고 삶의 질을 풍요롭게 하는 역할을 하고 있다. 담양 주민들은 창조적인 환경 조성을 위한 방안 모색과 함께 활성화 하는데 그 필요성이 강조되고 있다.

담빛길 테마거리는 옛 돗자리 가게 등 담양의 상권을 견인했던 거리에 전통과 현대를 결합한 문화적, 상업적 요소를 함께 가미함으로써, 원도심에 활기를 부여하는 사업이며, 특히 죽녹원, 국수의 거리를 찾는 관광객들의 대거 유입을 통해 침체된 골목길을 문화예술의 거리로 부활시킴은 물론 인근 5일 시장 쓰담길과 중앙로 상가까지 관광객 동선이 연결됨으로써 지역 경제 활성화와 함께 새 천년의 도시의 브랜드 가치를 높여주고 있다.

담양국수거리 인근에 위치한 담빛길 1구간

내용출처. 네이버블로그_ blog.naver.com/aaii0/221501940801, blog.naver.com/huhajung/221477388806

3) 문예가의 집-담빛길 2구간

담빛길 2구간은 옛 군수 관사를 중심으로 이곳을 '문예가의 집'으로 조성하는 사업이다. 비교적 말끔한 관사이며, 담빛길 2구간은 1구간의 연장선에 있으며 주로 관공서와 관사 주택택지가 혼재되어 있으며, 아직 리모델링 전이어서 과연 이곳이 어떻게 바뀔지 기대가 된다. 특히 문예가들만의 특성과 개성이 넘치는 공간을 기대해 본다. 아직은 전제적 구간만 확정되었지만 구체적인 계획을 잡지 못하고 있으며, 담빛길 1구간과 쓰담길과 연결되어 있는 담양초등학교와 오래된 주택의 일부분만이 리모델링 되어 있다. 담빛길은 2020년까지 1구간~4구간까지 완공될 예정인 만큼 공사중인 곳을 흔히 볼 수 있다. 앞으로 담양군이 도시 재생사업에 가장 많은 아이디어를 도출하여 시행하여야 할 구간으로 보인다.

옛 군수관사 터 | 출처. www.pressian.com

4) 중앙공원-담빛길 3구간

담빛길 3구간은 중앙파출소 앞 중앙 공원을 중심으로 계획되어 있다. 전남에서 8번째로 세워진 평화의 소녀상은 일제 강점기 시절 경찰서였다고 한다. 실제로 중앙 공원옆에는 중앙파출소가 있는 곳이다. 담양문화 재단에서는 이곳을 '청소년 문화의 광장'으로 조성할 예정이며, 넓은 잔디밭과 평화의 소녀상도 있다. 담양에 계시던 일본군 위안부 피해자 곽예남 할머님은 지난 3·1독립운동 다음날인 3월 2일 향년 94세로 별세하셨다. 광주·전남의 마지막 생존 피해자였으며, 1944년 봄 동네 뒷산에서 나물을 캐시다 일본 순사에 의해 연행되어

담양군 중앙공원의 소녀상

중국으로 끌려가셨다. 당시 나이가 15세로 1년 동안 일본군 위안부 생활을 하며 고초를 겪으셨으며, 조국이 해방되었어도 돌아오지 못하고 60년을 중국에서 지내다 2004년 한국국적을 회복해 고향으로 돌아와 그리던 가족과 상봉하고 쭉 고향에 머무 셨던 곳이다. 중앙공원에 휴식공간으로 정자와 벤치의자들과 대나무 형상으로 만든 석재 조형물인 식수대가 있으며 담양의 기점, 종점 거리의 경과지를 표시한 중앙공원 입구 쪽에 도로원표 부설물이 있는 담빛길3구간도 멀리 생각하면서 도시재생을 디자인해야 할 것이다.

5) 해동주조장-담빛길 4구간

담양 담빛길의 마지막 4구간의 중심에는 해동문화센터와 해동주조장이 있다. 해동문화센터는 해동주조장 옆인 담양읍 교회를 리모델링하여 만들어졌으며, 해동주조장은 60년대부터 전통적인 주조 방식으로 막걸리를 생산하는 곳이였으나 시대의 흐름에 따라 점차적으로 그 기능을 잃어버려 방치된 공간을 리모델링하여 조성되었다. 담빛길 4구간은 다양한 문화·예술활동이 이어가고 있으며, 문화적 가치가 있는 해동주조장을 잘 보존하여 문화거점 시설로 변화하고 있다. 이제는 술을 빚는 공간이 아닌, 문화를 빚는 해동주조장이 된 것이다.

문화공간으로 변모한 해동주조장

6) 담빛길은 콘텐츠 공유의 공간이다.

한국은 이제 선진국 대열에 한발 다가간 21세기 초고속 사회에 4차 산업 사회와 지식이 공존하는 사회의 전환점에 와 있습니다. 해방 이후 초고속 경제 성장으로 산업화를 이룩하였고 지식 정화사회를 이룩하여 세계경제 10위권의 사회 진입으로 이제 한국은 세계의 중심이 되고 있고 코로나19 정국에도 코리아의 위력과 대처능력을 보여주는 계기가 되었습니다. 현대에는 국가 단위의 경계가 의미가 없으며 작은 규모의 공간 단위인 도시가 주목받고 있습니다. 이러한 시대적 패러다임의 요구에 한국의 중앙정부와 지방자치단체들도 독특하고 아름다우며 살기 좋은 도시를 만들기 위해 유·무형적 자원을 전략적으로 개발하고 있습니다. 도시 재생 디자인 개선사업을 통해 문화마을, 예술마을, 시민이 행복한 도시 만들기와 누구나 편리하게 사용 할 수 있는 도시를 만들어 시민의 오감을 즐겁고 행복하게 해야 한다.

도시의 재생 디자인은 결코 한 개인의 힘으로 되는 것이 아니다. 무엇보다 지역에서 살아온 구성원과 주민이나 행정 관계자, 그리고 개발을 추진하는 관계자, 그 외에 그것을 지원하고 계획을 구상하는 디자인 전문가가 필요하다. 게다가 도시의 디자인에는 건축과 도시계획, 조경, 공공시설물, 색채와 조명, 공동체의 조정과 같은 많은 분야가 결합되기 때문에 더욱 복잡한 양상을 띠게 된다. 그러한 상황에서 각 도시의 디자인 방향을 정하고 그에 맞는 계획을 추진하는 것은 실로 어려운 작업임

에 분명하다. 더욱이 디자인이 실제의 공간으로 구현되기까지는 무수한 도시의 디자인은 결코 한 개인의 힘으로 되는 것이 아니라 무엇보다 지역에서 살아온 시간이 걸리며, 이에 따르는 협의과정과 비용은 계획의 실현을 더욱 어렵게 한다.

결국 그 도시디자인의 과정과 완성의 주체는 모든 구성원들이며 따라서 모두의 참여와 노력은 훌륭한 계획을 가능하게 하는 최고의 힘이다. 그렇기에 전문가는 많은 사람들이 시간과 공간이라는 험난한 강을 건널 수 있도록 하는 든든한 다리가 되어야 한다. 도시를 디자인하는 필수적인 몇 가지 관점과 방법에 있어서 사람에 의한, 사람을 위한 디자인, 장소를 고려한 디자인, 통합적 관점, 알기 쉬움 그리고 윈윈(Win Win)의 접근이다.

출처: 공생의 도시재생디자인 이석현(대학교수) 저 미세움

7) 담양군 '돌아온 쓰담길'

쓰담길은 낡고 흉물스러운 시장통거리로 현재는 지역 주민의 삶의 질과 정주가치를 저하시키는 애물단지로 전락되었지만, 과거 7-80년대 담양의 핵심 상업 중심거리로 번영을 누렸다. 향수와 지역고유의 근대문화자산을 보전하고 리모델링 및 특색 있는 디자인거리 조성사업과 청년예술 상인의 입주를 통한 창업환경 조성, 동시에 구도심의 지역경제 활성화의 가교역할을 도모하는 새로운 개념의 '돌아온 쓰담길'로 조성하고자 한다. 본 거리의 기본개념은 생태관광지와 근대역사문화, 청년예술상인, 소비마켓, 아트마켓 등이 함께 어우러지는 공간으로 근대와 현대의 조화, 생태와 문화의 융합, 생태와 관광이 소비로 이어지는 혁신적인 근대시장통거리 '돌아온 쓰담길' 조성하는데 역점을 두었다. 본 구간은 1945년 전후 건축물로써 구조적 결함이 많으며 이 공간에 청년 예술 상인을 입주시켜 특성화된 거리를 조성코자 하는 사업으로, 입주하는 청년 예술상인들의 의견을 들어야 하고 건축물의 구조적 안정성과 디자인을 복합적으로 구성함으로써, 프로그램 공간의 완성도를 높이기 위하여 전문성, 창의성, 예술성, 안정성 등이 반영된 디자인개발 및 설계가 필요하다.

청년, 예술인, 상인의 거리로 조성되고 있는 '쓰담길' 전경 | 출처. 담양군청

8) 호남기후변화체험관-담양 에코허브센터

담양의 자랑인 대나무는 기후변화에 대응하는 대표적인 식물이다. 인간의 화석연료 오남용으로 인하여 더워지는 지방을 따라 다니며 심각해진 지구온난화를 지연시키고 예방하는 온실가스 감축 식물이다. 더불어 이산화탄소의 흡수력이 소나무의 4배에 달하고, 여름철 피톤치드의 발생량이 편백 숲보다 2배가 많으며, 다른 수종보다 산소를 35%나 더 방출하는 힐링 치유식물이다.

호남기후변화체험관은 전남 담양군 담양읍 메타세쿼이아로 12 (학동리 583-4)에 호남기후변화체험관은 "담양에서 지구환경의 희망을 발견하다"라는 모토로 2012년 6월에 착공하여 2014년 3월에 개관하였다. 메타세쿼이아 가로수길 옆에 생태도시 담양의 특성을 살린 바구니 모양을 형상화한 건축물을 짓고 내부 소재 또한 대나무를 사용하여 작품화하였다. 호남기후변화체험관은 지하1층과 지상 2층으로 구성되어 있다. 지하에는 기계·전기·소방시설 등이 관람객의 편의와 안전을 지켜주고 있다.

1층에는 태풍 볼라벤 으로 쓰러진 우리고장 보호수를 전시하여 기후변화에 대한 심각성을 알리고 있다. 관람객에게 명쾌한 해설과 수준 높은 체험교육, 북 카페의 정보제공으로 안락한 휴식과 편의제공에 최선을 다하고 있다. 2층 전시실에는 기후변화에 의해 발생하고 있는 지구 온난화 현상과 각종 기후 환경문제들을 다루고 있다. 특히 명인 후계자가 만든 장인정신이 깃든 대나무 소재 엮음 전시물들은 어린이들은 물론 가족 누구나 알기 쉽게 전시되어 있다.

메타프로방스 인근에 위치한 호남기후변화체험관 전경 | 출처. thejoeunnews.co.kr

시안문화_담양군

Ⅳ-1. 담빛길(1구간)
테마거리 조성사업의 특징

1-1) 담빛길(1구간)의 개요

과거의 역사와 전통을 토대로 삼아 천년 담양의 바램 을 담아낸 "천년 담빛길"은 전국에서 유일했던 대나무 오일시장 담양 죽물시장의 기억을 떠올립니다. 속은 비어 욕심이 없고 겉은 단단하나 때로는 한없이 부드러워지는 대나무의 성질처럼 고단한 삶의 길을 꿋꿋하게 걸어갔을 그 시절 담양의 사람들... 남자들은 대를 쪼개고 여자들은 손질하며 남자들은 지고 나가고 여자들은 이고 나가는 대나무로 만들어낸 수많은 일상의 생활 용품들! 지금은 볼 수 없는 담양 죽물 시장의 흔적과 기억의 단편이 도시재생 디자인을 통해 담빛길로 새롭게 단장합니다.

과거 전국에서 유일했던 대나무 오일시장인 '담양 죽물시장' | 사진출처_담양군

1-2) 담빛길(1구간)의 사업의 목적

거리가 간직하고 있던 과거의 기억과 다양한 자원들은 문화로 다시 태어나고 경관으로 피어난다. 담빛길 1구간의 디자인 거리조성 사업이 이루어지는 곳은 담양군 담양읍 객사리 175-12번지 일원이다. 담빛길 거리조성 사업의 주요내용을 살펴보면 주민과 관광객들을 유입 할 수 있는 상징성과 예술성을 겸비한 공공디자인 및 공공시설물들을 설치하고, 노후된 담빛길 골목의 빈 점포들을 리뉴얼하여 각종 공연과 거리예술이 활성화 될 수 있는 기반거리를 조성하여 재미와 추억이 공존하는 문화의 공간을 제공하는 것이다. 이러한 사업을 통해 새로운 관광 포인트를 마련하고, 문화예술 활동을 활성화하여 침체된 상가 및 지역경제 활성화에 기여 할 수 있게 하는 것이 사업의 주요 목적이다.

담양길에서 벌어지고 있는 문화행사 거리공연 | 사진출처_담양군 문화재단

1-3) 담빛길(1구간)의 대상지 분석

마을을 포함하여 담빛길에 분포 되어있는 건축물은 대부분 2층 이하의 저층 건축물들로 이루어져 있으며, 주택들과 비어있는 공간 그리고 상업시설들이 무질서하게 혼재되어 있는 상황이다. 사업대상지에는 해년마다 늘어나는 수많은 방문객들이 찾아오는 국수의 거리와 연결되어 있는 지리적 특징을 가지고 있으며, 현재 다양한 업종들의 상업시설들이 계속해서 생겨나고 있다. 이와 더불어 거리공연, 축제, 다양한 행사등의 꾸준한 문화예술 활동들이 일어나고 있는 공간으로 만들어지고 있다.

사업 대상지의 개선점과 지역의 특성을 파악하여 담빛길이 가진 상징성과 문화가 담긴 거리조성을 통해 다시 찾고 싶은 문화의 거리를 조성한다. 공간적 측면에서는 대상지로의 적극적인 유도와 담빛길 디자인 테마거리임을 한눈에 인지 할 수 있는 인지성을 주고, 콘텐츠적 측면에서는 지역이 가진 특색 있는 자원을 활용한 다양한 콘텐츠 계획을 통해 테마성을 부여하고, 마지막으로 연출적인 측면에서는 담빛길과 마을환경개선으로 차별화되고 효율적인 공간으로 조성하여 공간효율성을 고려한 연출을 한다.

담빛길 1구간은 담양 국수의 거리와 연결되어 있다.

1-4) 담빛길(1구간)의 대상지 현황 ㉠, ㉡ Site

㉠ 객사 3길 일원
옛 건물과 새로운 상업시설이 함께 공존하는 구간

㉡ 객사 2길, 4길 일원
단독 건물로 이루어진 평범한 주택가 마을

거리의 감성을 표현하는
메인거리

지역의 문화자원을 알리는
배후의 거리

1-4) 담빛길(1구간)의 대상지 현황 ⓒ Site

ⓒ 마을 안 골목길 일원
좁은 골목길로 이루어진
특색 없는 마을이미지

↓

주민을 위한
마을 환경 재생개선

인지성
대상지로의
적극적인유도

공간적인 측면

테마성
특색이담긴
거리이미지

콘텐츠적인 측면

공간효율
다시 찾고싶은
거리 조성

연출적인 측면

1-5) 담빛길(1구간)의 장소성·진입동선 분석

다양한 문화자원과 접근성이 우수한 전라남도의 대표도시인 담양군은 국내 최대의 대나무 산지로서, 생태 및 문화관광자원이 풍부한 전라남도의 대표적인 생태 문화관광 도시이다. 2017년 문화체육관광부 '최우수 축제'로 선정된 담양세계대나무 박람회를 중심으로 해년마다 수많은 관광객들이 찾아오는 지역이기도 하지만 장기적인 경제침체로 인한 어려움을 동반하고 있는 것도 사실이다. 현재에는 빈 상가가 많은 옛 죽물시장 거리를 볼거리가 있는 문화예술의 거리로 만들어 주민 문화 예술향유 공간으로 조성하고, 방문객의 동선을 확장시켜 담빛길을 관통하는 문화거점 공간으로 만들어가려는 지자체와 주민의 염원이 담겨있는 곳이기도 하다.

01. 죽녹원 02. 국수의거리 03. 담빛예술창고 04. 대나무박람회홍보관 05. 한국대나무박물관 06. 담양테지움테마파크 07. 대담아트센터 08. 담양5일장

㉠ 상징성에 따른 사업대상지의 의미적 특성

지역의 대표 특산물인 대나무와 대나무 숲을 활용한 관광과 예술창고, 대담 갤러리 등 생태와 문화 예술이 접목되어 많은 방문객들이 찾아오는 대표적인 생태도시이다. 사업의 대상지는 담양시장 및 국수거리와 인접하고 있으며, 영산강을 따라서 죽녹원 및 관방제림과도 이어지는 구간인 담양의 원도심에 위치하고 있다. 특히 사업대상지는 과거 죽물시장이 열렸던 담양의 핵심 중심지로 번영을 누렸던 과거의 기억을 가지고 있으며, 담양의 새로운 명소로 재탄생하기 위해 문화와 예술을 품은 디자인 테마거리로 거리경관을 개선하는 사업이 필요하다. 따라서 담양의 대표관광지인 죽녹원 등의 관광자원과 담양원도심의 거리연계성 확보로 방문객들의 이동 동선을 원도심 방향으로 유입·확산시켜 지역경제 활성화의 가교 역할을 할 수 있는 공간적인 가치를 지니고 있다.

01. 죽녹원 전경 02. 관방제림 전경 03. 국수의 거리 초입

ⓒ 사업대상지의 지리적 특성

담양은 광주에서 20분 거리에 위치하고 있다. 중부 및 영남권을 잇는 교통의 요충지로 호남고속도로, 고창담양고속도로 및 광주대구고속도로 등이 지나는 접근성이 뛰어난 곳에 위치하고 있으며, 특히 사업대상지는 죽녹원, 관방제림 등 지역의 대표적인 관광지와 지리적으로 연속되어 있는 구간에 위치하고 있다. 이 같은 지리적인 특징을 통해 국수거리 및 원도심으로 향하는 방문객들의 이동 동선을 최소화할 수 있다. 따라서 영산강과 원도심을 따라가는 이러한 방문객 동선 계획에 따라 새로운 콘텐츠가 배치되고 연출되어야 한다.

담빛길(1구간)의 진입동선

담빛길 조성 후 개최된 축제 및 체험행사 | 사진출처_담양군

1-6) 담빛길(1구간)의 사업의 내용

담양군 담빛길 1구간 디자인 테마사업은 근대와 현대의 조화, 생태와 문화의 융합, 그리고 관광과 소비의 촉진이라는 세 마리 토끼를 잡아야 된다고 생각하며, 사업의 내용으로는 첫째, 문화 생태도시 조성을 위한 거리 디자인 및 기타 공공시설물을 설치하여 천년의 도시 담양군의 이미지를 부각하며 디자인 설계 및 실물 제작 및 설치를 할 수 있도록 계획되었다. 둘째, 대상지 주변 환경과 공간적 특성을 고려한 디자인 계획과 차량이 통행하는 구간은 보행자의 안전통행에 방해되지 않도록 공간구성을 하였다. 셋째, 독창적이고 창의적인 디자인을 통해 옛 담양의 대나무 오일장 거리와 문화예술로 리뉴얼된 도시재생 경관으로 디자인 되었다.

원도심의 도시재생을 통해 거리의 활성화가 이루어지고 있다.

1-7) 담빛길(1구간)의 사업의 방향

과거에는 번성했던 죽물시장의 기억을 가지고 있는 사업대상지에 옛 향수와 함께 지역 문화예술 활동의 활성화를 통한 디자인 테마파크를 조성함으로써 기존의 인근 관광지를 찾아오던 방문객들의 동선을 원도심으로 유도하고 이를 통해 인근 중앙로 상가 및 지역경제 활성화의 역할을 함께 수행 한다.

공간적 측면에서는 담양의 멋과 가치가 살아 숨 쉬고 있고, 방문객의 동선확대와 문화와 예술의 지역문화 콘텐츠가 담겨진 담양군 원도심 활성화를 통해 지역주민이 먼저 살기좋은 공동체 정신을 회복하는 아름다운 마을 만들기에 담빛길 조성 사업의 방향성이 제시됐다.

1-8) 담빛길 구간 사업에 관한 국내사례 분석

국내사례에서 나타나는 특징들을 크게 3가지로 분석해보면 첫재, 지역이 가진 문화와 예술 자원을 상징화 하고 콘텐츠화하여 테마거리 자원으로 활용하였고 둘째, 청년상인 및 지역 작가들의 참여를 유도하여 활력이 넘치는 테마거리로 조성되었고 셋째, 지역이 가진 고유한 지역색을 특화시켜 주변환경과의 조화로운 거리 이미지 연출됨을 알 수 있다. 이러한 사례들을 분석해 볼때 쓰담길은 지역의 특성과 공간의 성격에 부합하는 담양의 감성과 즐거움이 깃든 문화가 살아있는 거리로 조성되어야 한다.

1-9) 담빛길 구간에 관련된 진행사업에 관한 분석

사업대상지는 담양시장 등과 함께 담양의 원도심 지역에 위치하고 있으며, 현재 원도심의 기능회복을 위해 전선지중화를 포함한 관련된 여러 사업들이 추진 중에 있으며, 생활문화권 중심의 담양 원도심에 '사람·콘텐츠·공간'을 활용한 문화인프라를 구축하고, 상권회복을 위한 문화생태도시 조성사업 등을 추진하고 있어, 이를 통해 담양읍 전체의 경제활성화를 도모하고 있다. 또한 인적자원, 지역문화 콘텐츠, 지역문화 공간의 재배치와 더불어, 기존의 생태관광권과 연계한 원도심에서의 문화관광 및 쇼핑관광 거리로 거듭날 것으로 기대되며, 장기 프로젝트로 국제적 생태문화도시 네트워크 구축, 국내외 작가 창작 레지던스, 유네스코 창의도시 네트워크 가입 등을 추진 중에 있다.

1-10) 담빛길 구간 사업의 주안점

과거의 화려했던 번영의 기억과 담양의 문화와 예술적 정신, 그리고 담양의 문화자원 콘텐츠를 융복합하여 문화관광에 기반을 둔 디자인특화거리로 조성하는데 그 목적이 있다고 할 수 있다. 정리해 보자면 근대와 현대, 생태와 문화, 예술과 관광이 소비로 이어지는 문화인프라 구축을 통한 도시재생이 이루어지는 디자인 시범거리를 조성하는데 목적이 있다.

1-11) 담빛길 구간의 개발방향

㉠생명력 넘치는 문화와 예술의 거리 연출로 지역의 문화와 예술이 접목된 문화예술의 거리를 조성하여 문화와 예술이 관광과 소비로 이어지는 순환구조 창출, 원도심의 경제활성화와 공동체 정신의 회복을 도모한다.

㉡스토리 콘텐츠를 강화한 이야기가 있는 공감의 거리를 조성하여 담양의 다양한 자연자원과 인문자원 등 지역자원과의 네트워크를 통해 지역작가와 청년상인들의 입주와 다양한 문화체험 프로그램 등으로 인한 거리 정체성을 확립하고, 누구나 체험하고 즐길 수 있는 거리 이미지를 만들어 간다.

㉢깨끗하고 쾌적한 아름다운 거리 조성을 위해 사업대상지의 건물 내외부 리모델링과 간판디자인 등을 통한 거리 이미지를 개선하고 주변환경과 어울리면서도 기존 관광자원과도 조화로운 시각적 이미지를 창출하여 지역주민이 살기 좋은 담양 원도심으로 만들어 간다.

1-12) 담빛길 구간의 사업의 종합분석

담빛길 디자인 시범거리 조성사업을 통해 담양군이 목표하고자 하는 점을 분석해 보면 방문객 동선의 유도와 확대를 통한 문화관광벨트의 확대와 문화, 예술, 마켓이 연계된 복합문화관광지를 조성하여 지역의 경쟁력을 강화하는 한편, 건물정비와 환경개선으로 원도심 이미지를 개선하여 지역주민과 방문객 모두가 만족하는 다시 찾고 싶은 특화거리를 조성하려는 노력이 엿보인다.

Ⅳ-2. 담빛길(1구간)
디자인의 방향 및 전략

2-1) 담빛길(1구간)의 디자인의 방향

담빛길은 담양군의 문화와 예술 그리고 생태자원을 활용하여 다음의 5가지 디자인 방향에 따른 문화예술 특화거리를 조성하였다.

STORY

담양의 문화와 예술 주민 참여로 엮어 가는 생태도시 담양의 문화예술 특화거리 조성을 위해 담양의 과거와 지금, 전통과 현대, 추억과 미래가 만나는 즐거움의 공간으로 계획 하여, 지역의 가치를 높이는 관광지로서의 가치를 상승시킨다.

CULTURE

담양이 가진 다양한 지역문화와 자원이 관광과 소비로 이어질 수 있는 문화 인프라 조성으로 다양한 문화와 아름다움이 있는 문화 상업 지구로 조성한다.

HUMAN
지역주민이 주체가 되고 지자체와 방문객이 함께 만들어 나가는 지역밀착형 문화 복합 공간 연출을 통해 지역주민과 함께 만들어가는 열린 공간으로 조성한다.

LIGHT
주간뿐만 아니라 야간에도 경관자원으로 활용할 수 있도록 설치조형물에 경관조명을 설치하는 야간 관광 콘텐츠 연출을 통해, 야간에도 볼거리가 있는 빛의 공간으로 거듭날 수 있도록 한다.

SPACE
청정한 자연과 문화적 자산이 가득한 담양의 이미지를 형상화하여 디자인시범거리로서의 공간 연출하고, 담양의 생태자원과 문화자원의 특징을 보여주는 공간으로 조성한다.

2-2) 담빛길(1구간)의 디자인 컨셉

2-3) 담빛길(1구간)의 스토리 구성

담양의 전통문화자원을 바탕으로 다양한 자연자원과 문화적 감성을 사람들과 함께 체험할 수 있는 장소로, 아름다운 감성이 길 위에서 꽃처럼 피어나는 곳이다. 오래된 건물과 거리에서 느낄 수 있는 감성이 매개체가 되어, 아름다운 담양의 이미지를 두 눈에 함께 담아볼 수 있는 거리가 될 것이다. 과거 번성했던 담양 죽물시장이 가진 추억과 전통의 가치를 만들어내는 거리, 담양이 가진 다양한 맛과 멋으로 사람들과 어울리는 거리, 주민들과 방문객이 모두 함께 만들어가는 행복한 거리를 위한 이곳은, 담양에서 꽃처럼 피어나는 빛나는 문화의 거리로 거듭날 것이다. 담빛길은 감성을 만들어내는 길, 담양의 전통과 문화와 사람들이 꽃처럼 피어나는 아름다운 거리로 조성되어질 것이다.

㉠ 담빛길에서 피어나는 감성의 빛 "담빛 감성충전길"

물빛광장 구간

물과 빛으로 이루어진
담빛길의 대표적 상징 공간

옛 죽물시장거리 구간

과거 죽물시장의 이미지를
엿볼 수 있는 공간

작은도서관 구간

휴식과 정보가 있는
소통을 위한 커뮤니티 공간

ⓒ 기억의 흔적을 담아내는
"담빛 전원문화의 길"

배후거리 전원주택가 구간

지역 문화자원의 이미지가 있는
담빛길의 배후거리

ⓒ 삶의 터전에서 문화의 터전으로
"담빛 예술향기길"

마을골목 환경개선 구간

마을재생을 통한 골목길의 경관개선으로
지역경제 활성화 도모

담빛길에서 피어나는 감성의 빛 · 기억의 흔적을 담아내는 문화의 길 · 삶의 터전에서 문화의 터전으로
담빛 감성충전길 · **담빛 전원문화길** · **담빛 예술향기길**

2-4) 담빛길(1구간)의 마스터플랜

A 구간	담빛 감성충전길 A : 물빛광장 구간
A1	진입로 안내사인 / 버스킹 공연장
A2	체험형 경관수로
A3	대나무 경관조명

B 구간	담빛 감성충전길 B : 옛죽물시장거리, 작은도서관 구간
B1	담빛 아케이드
B2	죽물시장거리 정비 ▪ 파사드 정비 ▪ 간판 정비 ▪ 셔터도어 그래픽
B3	작은도서관 빛의 경관

C 구간	담빛 전원문화길 : 배후거리 전원주택가 구간
C1	담빛마을 지도
C2	담빛마을 추억여행길 ▪ 추억 속 빛바랜 사진전 ▪ 추억의 동요나라 ▪ 구수한 전라도 사투리 ▪ 전통놀이 문화 엿보기
C3	담빛마을 전원쉼터

D 구간	담빛 예술향기길 : 마을골목 환경개선 구간
D1	골목 갤러리 게이트
D2	담빛길 고양이의 하루 ▪ 담빛 고양이 ▪ 대나무와 고양이 ▪ 담장 위 고양이

2-5) 담빛길(1구간)의 총괄표

스토리	구분	연출형태	위치	연출내용
담빛길에서 피어나는 감성의 빛 **담빛 감성충전길**	물빛광장 구간	진입로 안내사인 버스킹 공연장	A1	골목길로 관광객의 집중을 유도하는 소박한 형태의 빈티지 공간으로 연출
		체험형 경관수로	A2	경관수로의 수중등과 함께 어우러지는 담양의 상징인 대나무 경관조명 연출
		대나무 경관조명	A3	
	옛 죽물시장 거리 구간	담빛 아케이드	B1	죽공예품의 형태를 상징하는 돔 아케이드형 그늘막과 경관조명 연출
		죽물시장거리 정비	B2	죽공예거리로 조성하기 위한 대상건물의 파사드 및 간판 정비
	작은도서관 구간	작은도서관 빛의 경관	B3	건물의 형태를 유지하고 빈티지 모던한 느낌을 살려 상징적으로 연출
기억의 흔적을 담아내는 문화의 길 **담빛 전원문화길**	배후거리 단독주택가 구간	담빛마을 지도	C1	담빛마을을 안내하는 일러스트형 지도 연출
		담빛마을 추억여행길	C2	마을 주민이 참여하는 우리집 담장꾸미기 연출
		담빛마을 전원쉼터	C3	기존 건축물 앞 공터를 활용한 전시형 마을 휴게공간 연출
삶의 터전에서 문화의 터전으로 **담빛 예술향기길**	마을골목 환경개선 구간	골목 갤러리 게이트	D1	기존 골목으로 관광객 유입을 위한 상징적 게이트 연출
		담빛길 고양이의 하루	D2	기존 골목으로 관광객 유입을 위한 고양이 스토리 담장 연출

Ⅳ-3. '담빛길'(1구간)의 세부연출계획

3-1) 담빛길_ 감성충전길 A1 (버스킹 공연장)

버스킹(Busking)이란 거리에서 공연하는 것을 말한다. 공공장소에서 하는 모든 공연이 버스킹에 속하지만, 주로 음악가들의 거리 공연을 뜻하는 말로 쓰인다. 버스킹을 하는 사람은 버스커(Busker)라 한다. 담빛길 진입로에 안내사인 겸 버스킹 공연장을 조성하여 문화 공간 및 만남의 장소 역할을 하는 상징적인 공간을 조성한다. 음악적 감성과 젊음의 활력이 넘쳐나는 담빛길만의 흥거운 버스킹 공간을 H빔과 와이어매쉬를 활용한 버스킹 무대로 연출한다.

연출개요	삼거리 국수의 거리에 위치한 담빛길 진입로에 안내사인 겸 버스킹 공연장을 조성하여 문화 공간 및 만남의 장소 역할을 하는 상징적인 공간 조성
연출방법	H빔과 와이어매쉬를 활용한 버스킹 무대를 연출하고 소박하고 빈티지한 느낌의 부식철판을 활용한 입구 사인상징물을 제작설치
연출특징	음악적 감성과 젊음의 활력이 넘쳐나는 담빛길만의 흥거운 버스킹 공간을 연출

감성충전길 A1(버스킹 공연장)구간의 현장사진

감성충전길 A1(버스킹 공연장)구간의 세부연출계획 투시도

3-2) 담빛길_ 감성충전길 A2 (체험형 경관수로)

이 구간은 체험형 경관수로 구간이다. 물이 흐르고 빛이 넘치는 담빛길에 앉아, 다시 한 번 담양(潭陽)을 떠올리는 컨셉으로, 담빛길 초입 구간에 설치되어 있는 기존 플랜트를 정비하고 방문객들의 오감을 즐겁게 하는 경관수로와 차 없는 거리로 계획하여 방문객들이 발을 담그며 담소를 나눌 수 있는 체험형 휴게쉼터로 연출한다.

연출개요	담빛길 초입 구간에 설치되어 있는 기존 플랜트를 정비하고 방문객들의 오감을 즐겁게 하는 체험형 경관수로를 연출하여 차 없는 거리 조성
연출방법	대나무를 모티브로 한 경관 조명과 대나무를 식재한 플랜트를 연출하고 '담빛'의 뜻을 담은 경관수로를 벤치와 함께 조성하여 발을 담그며 담소를 나눌 수 있는 체험형 휴게쉼터로 연출
연출특징	물이 흐르고 빛이 넘치는 담빛길에 앉아, 다시 한 번 담양을 떠올림

감성충전길 A2(체험형 경관수로)구간의 현장사진

감성충전길 A2(체험형 경관수로)구간의 세부연출계획 투시도

3-3) 담빛길_ 감성충전길 B1 (담빛 아케이드)

이 구간은 담빛길 1구간 감성충전길 담빛 아케이드 구간으로서 담양의 죽물공예 형태와 패턴을 모티브로 하였다. 그늘막의 역할과 함께 원형 바닥면에는 담양을 비추는 빛의 의미로 별자리를 연출하였다. 광주리를 엮어 내놓았던 옛 죽물시장의 기억들은 이곳에서 상징이 되고 전통과 현대의 조화를 통해 담빛 아케이드 거리를 조성한다.

연출개요	옛 죽물시장거리로 이어지는 사거리에 돔형 아케이드를 설치하여 주변 거리와 담빛길을 이어주는 상징적인 게이트 역할
연출방법	죽물공예의 형태와 패턴을 모티브로 하여 그늘 막 역할을 하면서 원형 바닥면에 담양을 비추는 별자리 형태의 경관조명 연출
연출특징	광주리를 엮어 내놓았던 그 시절 죽물시장의 기억이 이곳의 아이덴티티가 되었다.

감성충전길 B1(담빛 아케이드) 구간의 현장사진

감성충전길 B1 (담빛 아케이드) 구간의 세부연출계획 투시도

3-4) 담빛길_ 감성충전길 B2 (옛 죽물시장거리)

이 구간은 담빛길 1구간 감성충전길 옛 죽물시장거리 구간이다. 옛 죽물시장 거리를 현대적으로 재해석하여 건물외부를 정비하고 업소의 개성을 살려 간판과 셔터도어에 그래픽을 적용하여 옛 죽물시장 거리의 정체성을 복원함으로써, 지난 날 죽물시장의 화려했던 공예품의 거리로 재탄생시켜 새천년 문화관광의 메카로 조성한다.

감성충전길 B2(담빛 아케이드) 구간의 현장사진

연출개요	옛 죽물시장거리를 현대적으로 재해석하여 건물 외부를 정비하고 업소의 개성을 살려 간판, 셔터도어 그래픽 연출
연출방법	징식벽돌을 사용하여 고풍스러운 건물을 연출하고, 죽물을 모티브로한 디자인과 간판, 셔터도어에 그래픽을 적용하여 옛 죽물시장 거리의 정체성을 복원
연출특징	옛 죽물시장의 추억을 품고 있는 담빛길은 대나무 향기가 베어있는 문화의 거리로 재탄생

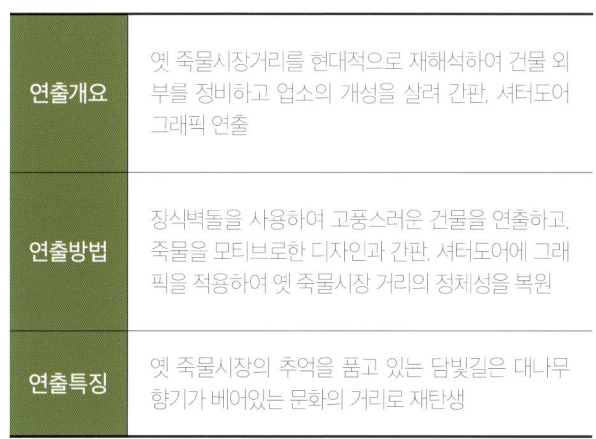

감성충전길 B2(담빛 아케이드) 구간의 세부연출계획 투시도

3-5) 담빛길_ 감성충전길 B3 (작은 도서관 야간경관)

이 구간은 감성충전길 리노베이션(Renovation)구간이다. 리노베이션이란 기존 건축물을 헐지 않고 개보수해 사용하는 것을 말한다. 리모델링은 가장 넓은 의미의 건축용어로 건축법규에 따른 증·개축, 대수선, 용도 변경까지 포함한다. 폐건물을 리노베이션한 담빛길 작은 도서관이 활성화 될 수 있도록 개성 있는 디자인으로 건물의 외벽 정비와 함께 야간 경관의 연출계획을 통해 작은 도서관을 디자인한다.

연출개요	폐건물을 리노베이션한 담빛길 작은 도서관이 활성화 될 수 있도록 개성있는 디자인으로 건물 외벽을 정비하고 야간 경관 연출
연출방법	기존건축물의 빈티지한 느낌을 최대한 살리기 위한 매쉬망을 건축물의 표면에 연출하고 작은 도서관을 상징하는 타이포 그래픽을 도장으로 연출
연출특징	작지만 큰 여운을 주는 담빛길의 작도서관을 상상하게 만드는 야간경관 연출

감성충전길 B3(작은 도서관 야간경관) 구간의 현장사진

감성충전길 B3(작은 도서관 야간경관) 구간의 세부연출계획 투시도

3-6) 담빛길_ 전원문화길 C2 (담빛마을 추억여행길)

이 구간은 전원문화길 담빛마을 추억여행길 구간이다. 주민참여 작품과 향수를 불러일으키는 담양의 과거 추억속에 빛바랜 사진 전시, 추억의 동요나라, 구수한 전라도 사투리, 전통놀이 문화 엿보기 등을 활용한 작품 갤러리를 연출하고 방문객들의 길잡이 역할을 하는 부조형 안내지도를 설치하여, 담빛길을 걷다 보면 타임머신을 타고 과거로 온 듯 한 담빛마을의 추억 여행길을 조성한다.

연출개요	담빛길을 걷다보면 타임머신을 타고 과거로 온 듯 담양의 과거를 추억할 수 있는 담빛 마을 추억여행 길 조성
연출방법	주민 참여 작품과 향수를 불러일으키는 담양의 과거 사진 전시, 추억의 전통놀이, 전라도 사투리 등을 활용한 작품 갤러리를 연출하고 방문객들의 길잡이 역할을 하는 안내지도 설치
연출특징	담양의 과거 모습과 지역색을 통해. 담빛길에 담긴 가치를 찾는 문화공간을 지향

전원문화길 C2(담빛마을 추억여행길) 구간의 현장사진

전원문화길 C2(담빛마을 추억여행길) 구간의 세부연출계획 투시도

3-7) 담빛길_ 전원문화길 C3 (담빛마을 전원쉼터)

이 구간은 방치된 공터를 정비하여 조경식재와 벤치로 구성하고, 건물 벽면에는 주민들의 작품을 전시하는 갤러리 월(wall)을 설치하여 방문객들에게 전시감상 및 쉼터를 제공하도록 계획되었다. 건물 외벽의 자연 넝쿨은 그대로 보존하여 근대건축물이 주는 독특한 감성의 깊이를 더했다.

연출개요	넝쿨이 벽을 감싸안은 건물 앞 작은 공터를 주민들과 방문객들의 쉼터 역할을 하는 휴게공간으로 조성
연출방법	공터를 정비하여 조경식재와 벤치로 구성하고 건물 벽면에 주민 참여작품 을 전시하는 갤러리 월(wall)을 설치하여 방문객들에게 전시감상 공간 및 쉼터 제공
연출특징	근대건축물이 주는 독특한 감성으로, 주민과 방문객이 쉬어가는 색다른 문화공간을 연출

전원문화길 C3 (담빛마을 전원쉼터) 구간의 현장사진

전원문화길 C3 (담빛마을 전원쉼터) 구간의 세부연출계획 투시도

3-8) 담빛길_ 예술향기길 D2 (담빛길 고양이의 하루)

이 구간은 예술향기길 '고양이의 하루' 구간이다. 골목의 양쪽 출입구에는 H빔을 사용한 모던한 게이트를 설치하고, 게이트의 상부와 벽면에는 마을 골목길로 관광객을 유도할 수 있도록 '고양이의 하루'를 주제로 벽화, 오브제를 활용하여 담빛길과 연결해주는 골목길에 스토리텔링을 부여한 마을 골목 갤러리를 조성한다.

예술향기길 D2 (담빛길 고양이의 하루) 구간의 현장사진

연출개요	마을 골목에 '고양이의 하루'를 주제로 벽화·오브제를 활용하여 담빛길 사이를 연결해주는 골목길에 스토리텔링화 하여 골목 갤러리 조성
연출방법	골목의 양쪽 출입구는 빔을 사용한 모던한 게이트를 설치하고 게이트의 상부는 골목길로 관광객을 안내하는 유도사인물 설치
연출특징	생명을 소중히 여기고 공동체 문화로 피어나는 주민이 먼저 행복한 아름다운 마을골목길 연출

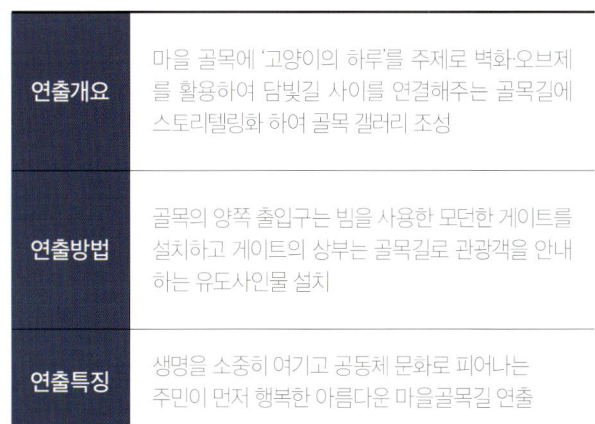

예술향기길 D2 (담빛길 고양이의 하루) 구간의 세부연출계획 투시도

Ⅳ-4. '담빛길'(1구간)의 기대효과

4-1) 담빛길1구간의 지역발전 방향 및 기대효과

㉠ 담빛길 시스템의 목표: 함께 만들어간다.
- 죽제품의 지역의 자연과 문화자원의 활용과 기존 마을 자원을 활용한 보전 중심의 환경 개선 계획을 수립하여 지난 화려했던 죽물시장의 명성과 대나무 제품의 가치를 올리는 시스템을 만든다.
- 지역 주민과 방문객이 지역이 가진 자원을 활용하여 함께 만들어가는 문화의 거리 조성하여 지역주민의 경제적 이익과 삶의 질을 높인다.

㉡ 담빛길 콘텐츠 과정: 정성을 들인다.
- 주민들을 위한 쾌적한 환경은 방문객들의 방문을 늘리고 소비를 촉진시킬 수 있는 기반을 조성하여 담빛길 만의 스토리가 있는 콘텐츠를 개발한다.
- 인접해 있는 담양시장 및 쓰담길 콘텐츠를 마을과 연계할 수 있는 프로그램 구축 및 이를 위한 주민교육을 강화하여 옛 죽물시장의 명성을 되찾게 한다.
- 21세기 문화의 시대에 마음으로 방문객을 배려하는 서비스 경영 및 교육을 실천한다.

㉢ 담빛길의 결과물: 삶의 질을 높이고 풍요로움을 창조한다.
- 담양의 마을이 가진 맛과 멋, 문화와 사람의 가치를 유지하며, 마을 환경개선과 지역발전을 위해 풍요롭게 살아가는 주민 공동체를 형성한다.
- 담빛길(1구간) 조성 및 원도심 문화생태도시 조성사업을 통해 주민들의 직접적인 소득 향상과 새로운 일자리 창출을 도모한다

4-2) 담빛길1구간의 발전 방향

㉠ 관광 분야→모두가 함께 만들어가는 지역문화의 거리
- 담빛길 조성사업과 중앙로 문화생태도시 조성사업 등 관련사업과 지역자원의 콘텐츠를 연계하여, 주민과 함께 만들어가는 경쟁력 있는 관광시스템 구축을 통해, 풍부하고 청정한 자연생태자원 및 새로 조성될 문화예술 콘텐츠를 기반으로 생태관광과 문화관광을 콘텐츠로 디자인

을 개발한다.

－홍보마케팅 및 이벤트, 마을축제 등의 행사를 주민이 직접 기획하고 진행하는 마을사업의 발전을 지향하여 모두가 함께 만들어가는 지역문화의 거리를 조성한다. 이에 대한 연계 기대효과로 죽녹원, 관방제림, 국수거리 등 잘 알려진 관광지를 찾는 방문객들의 동선이 영산강을 따라 마을 안까지 유입되어 주민과 방문객이 모두 즐겁고 행복한 마을 공간 지향하여 모두가 함께 만들어가는 지역문화의 거리를 만든다.

ⓒ 환경 및 문화 분야 → 자연과 사람이 함께 높이는 지역의 가치

대나무 숲과 영산강변을 비롯한 마을과 인근의 환경 보전과 효과적인 관리 방안 계획을 세워 작지만 매력있는 문화거점과 문화명소를 마련하여 문화예술을 접목하고 부가가치 창출에 기여한다. 지역주민들의 참여로 지역의 문화적 역량을 강화하고 삶의 질 향상과 인구 감소와 고령화에 대비한 정주 공간 정비 및 생활환경 조성에 목표를 둔다. 또한 연계 기대 효과로 대나무 숲, 영산강변을 비롯한 마을과 인근의 환경 보전과 효과적인 관리방안을 계획하여, 작지만 매력 있는 문화거점과 문화명소를 마련하고 문화예술을 접목한 부가가치를 창출한다.

ⓒ 주민공동체 분야 → 주민이 먼저 행복한 우리 마을만들기

주민들의 활발한 참여를 보장하고 협력적 네트워크를 구축하여 지역 리더와 인재를 육성한다. 주민 역량강화를 위한 전문 과정 등 프로그램 개발을 통해 지역전문가, 기업가, 문화인 등과 교류 네트워크를 구축한다. 또한 연계 기대효과로 담양 원도심의 주요거점 장소로 활용될 마을의 내발적 발전을 위해, 주민들을 위한 교육 및 복지 프로그램 등을 활용한 행복한 주민공동체를 형성한다.

4-3) 담빛길1구간의 추가제안

㉠ 주민 및 방문객 참여 프로그램 제안의 기본방향

주민 및 방문객이 참여하는 다양한 프로그램을 시행하여 지역 주민커뮤니티 및 상가 협의회 등과 연계하여 지역의 학교, 학생 및 학부모 조직과 해당 지자체 관련 공무원과 연계한 소속별, 세대별, 타깃별 프로그램은 다양화한 계획이 기본방향이다. 교류·문화행사로 지역장터, 주민커뮤니티모임 등 참여하여 공연, 전시 등 이벤트 활동 참여로 담빛길, 물빛광장, 마을골목 등 마을특화 자원 관광과 지역에서 벌어지는 축제 및 이벤트 행사에 참여한다.

㉡ 교육, 체험의 주기적인 이벤트로 지속가능한 참여 유도

교체 가능한 경관개선 협력프로젝트 및 주민수익사업 등 지속가능 참여모델 구축하여 지역행사나 계절축제 등 정기적인 마을 이벤트 행사로 주민과 방문객이 직접 참여할 수 있도록 계획한다. 주민 대상의 교육활동 및 마을행사 기획 및 참여시켜서 마을경관 가꾸기 및 마을 환경개선 등 주민대상 행사를 개최한다. 또한 인근 교육 시설 및 커뮤니티 공간과 연계한 문화체험 및 각 활동의 중심 공간과 벽화그리기 등 마을환경개선 등 지역문화체험 관련 프로그램의 자발적인 참여를 유도 한다.

㉢ 참여형 프로그램에 의한 지역경쟁력 및 지역브랜드 상승

주민들의 노력에 의한 내발적 발전을 통해 지역의 자원과 연계된 차별화된 경관 개선과 자기 지역에 대한 정체성과 자긍심을 고취시켜서 방문객들의 지역과 마을에 대한 관심 증대 및 재방문 할 수 있는 계기를 마련한다. 지역행사 및 마을이벤트에 주민주도의 로컬푸드 판매와 청년상인, 다미담 프로젝트와 연계한 판매 프로그램 계획한다. 지역의 음식을 맛보고 체험하며 산지 로컬푸드 구매와 슬로푸드 아카데미 등 음식문화체험 프로그램을 실시한다. 사업대상지와 마 을 인근 곳곳에 휴식 및 포토존 구성 차량통행을 하지 않는 걷기 안전한 거리를 조성하여 주요 시설과 인접하여 배치한다.

4-4) 담빛길1구간의 유지관리방안

-본 프로젝트의 중요성은 담빛길 디자인 테마거리는 담양을 찾는 방문객의 동선을 담양의 대표적인 생태관광지인 죽녹원에서 원도심으로의 확산 및 이동시켜 지역의 가치를 더욱 높이는 역할을 하는 문화 콘텐츠로 성장할 것으로 예상해 본다. 따라서 담양을 찾는 방문객들에게 쾌적하고 청결한 지역 이미지와 담양 원도심의 긍정적 이미지를 전달하기 위하여, 주변 환경을 포함한 유지관리의 필요성을 감안하여 설계를 진행해야 한다고 본다.

-유지관리 방안으로 효율적이고 일관성 있는 관리 계획과 통합적 유지관리 시스템 구축을 통해 예방적 유지관리와 환경, 위생 등을 가장 적합한 상태로 유지관리하며 환경에 의한 손상이 적고 장기적 보수가 가능한 재료를 사용하여 시설 간 활용성을 생각한 점검 계획을 통해, 최적의 기능을 유지관리 할 수 있도록 한다.

4-5) 담빛길1구간의 사후관리시스템

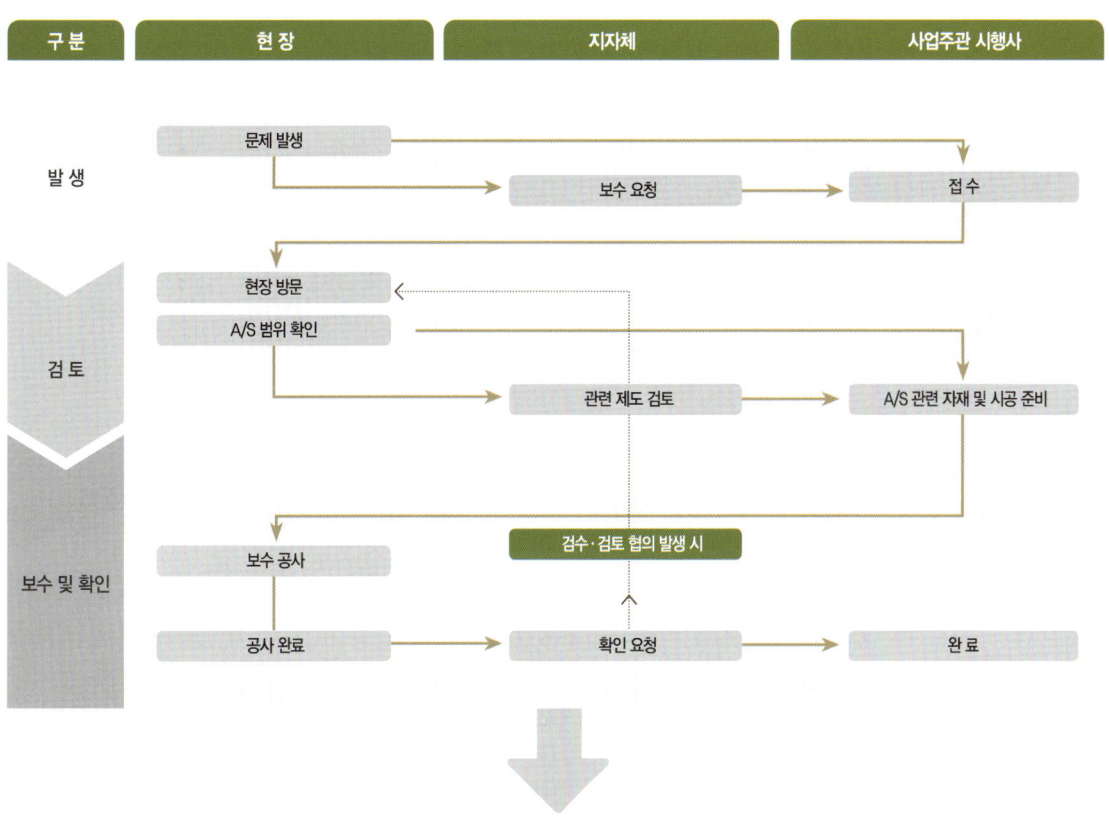

PART V

쓰담길 테마거리 조성사업의 분석

V-1 쓰담길 조성사업의 특징

V-2 쓰담길 디자인의 기본 방향 및 전략

V-3 쓰담길 세부연출 계획

V-4 쓰담길의 기대효과

V-1. '쓰담길' 테마거리 조성사업의 특징

담양군 쓰담길 전경 | 사진출처_담양군 문화재단

1-1) 쓰담길 구간 사업의 개요

쓰담길 조성사업은 담양읍 담주4길 옛 원도심 일원의 건물을 신축과 리모델링을 통해 청년상인과 문화예술 활동가를 지역으로 유입하여 담양의 대표 관광지와 원도심의 가교 역할을 하는 복합 문화거리로 조성하는데 목적이 있다. 또한 담주 다미담 예술구는 예주구간과 미주구간으로 나뉘며, 예주구간은 담주 4길을 중심으로 쓰담길과 담양의 랜드마크가 될 담빛담루가 조성되고 미주구간에는 문화 복합 상가 형태의 담양시장이 조성된다. "담주 다미담 예술구가 완성되면 기존 생태관광지의 관광객들을 원도심으로 유입해 구도심과 골목상권 활성화의 큰 역할을 할 것"이라고 담양군은 기대하고 있다.

1-2) 쓰담길 구간 사업의 목적 및 방향

지역의 생태와 문화적인 감성을 담아내는 담양 쓰담길과 디자인시범거리 조성을 통해 거리가 간직하고 있던 과거의 기억과 다양한 자원들이 문화로 태어나고, 경관으로 피어난다. 사업의 의미적 측면에서는 과거 번영했던 기억을 가지고 있는 담양 원도심에 지역이 가진 문화와 예술을 상징하는 디자인거리를 조성함으로써, 기존의 관광지를 찾아오던 방문객들의 동선을 원도심으로 유도하고, 이를 통해 관광 상품화로 지역경제 활성화의 역할을 함께 수행하는데 있다.

『담양군 쓰담길 디자인시범거리 조성사업』 디자인 개발은 과거 70~80년대 담양의 중심거리였던 사업대상지의 기억과 근대문화자원을 보전하고 발전시켜, 원도심의 경제 활성화를 도모하고, 담양의 생태와 문화, 마켓이 함께 어우러지는 공간으로 조성해 줌으로써, 방문객증가와 소비로 이어지는 순환구조를 만들어 주는데 있으며, 특성화된 문화거리 조성을 위해 청년 예술 상인이 입주할 건축물의 구조적 안정성과 디자인을 복합적으로 구성하는데 그 목적이 있다.

1-3) 쓰담길 구간 사업의 내용

과거 번영했던 기억을 가지고 있는 담양 원도심의 지역이 가진 문화와 예술을 상징하는 디자인거리를 조성함으로써, 기존의 관광지를 찾아오던 방문객들의 동선을 원도심으로 유도하고 이를 통해 관광 상품화와 지역경제 활성화 역할을 함께 수행한다. 동시에 쓰담길 및 디자인시범거리 경관계획, 디자인 기본방향 및 목표를 설정하여 쓰담길 및 디자인시범거리 디자인, 세부가이드라인을 개발한다.

쓰담길의 야간조명 및 경관조명 시설개선, 시행계획을 수립하여 디자인교정 및 성과품을 작성하고, 행정인허가 절차를 거쳐서 관련기관 및 부서협의와 관련법규 검토한다. 또한 국내외 사례조사 등 담양 쓰담길과 디자인시범거리 조성을 통해 거리가 간직하고 있던 과거의 기억과 다양한 자원들의 근대와 현대의 조화, 생태와 문화의 융합, 관광과 소비의 촉진이 사업내용에 포함한다.

| 근대와 현대의 조화 | … | 생태와 문화의 융합 | … | 관광과 소비의 촉진 |

과거 번영했던 기억을 가지고 있는 담양 원도심 거리풍경 | 사진출처_담양군청

1-4) 쓰담길 구간 대상지 현황 분석

일부 건물은 현대적인 공법의 콘크리트 건물도 있으나 사업대상지의 건축물 준공년도가 1920년 대부터 80년대까지의 건물들로 주 구조는 목구조 및 벽돌조로 이루어진 오래된 건축물들로 이루어져 있다. 쓰담길에 분포되어 있는 건축물은 대부분 2층 이하의 저층 건물들로 이루어져 있으며, 현재는 리모델링을 통한 쓰담길 사업을 위해 많은 수의 건물들이 비어 있는 상황이다. 시장 안쪽 골목길은 우범 지역으로, 각종 쓰레기 장을 방불케 한다. 공간적 측면에서 대상지로의 적극적인 인지성 유도와 쓰담길 디자인 테마거리임을 한눈에 인지 할 수 있는 거리이미지를 조성하여 대상지로 적극적인 유도를 한다. 콘텐츠적 측면으로는 특색이 담긴 거리이미지로 지역이 가진 특색 있는 자원을 활용한 다양한 콘텐츠 계획과 연출로 다시 찾고 싶은 거리 조성과 마을 환경 개선으로 차별화되고 효율적인 공간을 디자인 하는 것이다.

정비되지 않은 바닥면과 인접한 건물의 벽면 노출

방문객을 위한 주차공간 조성

노후화되어 낡고 위험한 건축물들이 혼재한 상황

건물의 특징을 살린 리모델링

좁은 골목길로 이루어진 특색 없는 마을 이미지

주민을 위한 마을 환경개선

인지성
대상지로의
적극적인 유도

테마성
특색이 담긴
거리 이미지

공간효율
다시 찾고싶은
거리 조성

1-5) 쓰담길 구간 사업의 장소성에 대한분석

㉠ 대상지 장소성 분석- 진입 동선분석

다양한 문화자원과 접근성이 우수한 전라남도의 대표적인 생태관광 도시인 담양군은 국내 최대의 대나무 산지로, 생태 및 문화관광자원이 풍부한 전라남도의 대표적 생태 문화관광 도시이다. 2017년 문화체육관광부로 '최우수 축제' 죽녹원을 중심으로 열리는 많은 관광객들이 찾아오는 곳이기도 하다.
현재에는 빈 상가가 많은 옛 죽물시장의 거리를 볼거리가 있는 문화예술의 거리로 만들어서 주민 문화 예술향유 공간으로 조성하고 방문객의 동선을 확장시켜 쓰담길을 문화거점 공간으로 만드는 것이 본사업의 목적이다.

ⓛ 상징성에 따른 사업대상지의 의미적 특성

지역의 대표 특산물인 대나무와 대나무 숲을 활용한 관광과 예술창고, 대담 갤러리등 생태 와 문화 예술이 접목되어 많은 방문객들이 찾아오는 대표적인 생태도시이다. 현재 사업지는 담양 시장 및 국수거리와 인접하고 있으며, 영산강을 따라서 죽녹원 및 관방제림과도 이어지는 구간 인 담양의 원도심에 위치하고 있다.

특히 사업 대상지는 과거 70~80년대 담양의 핵심 중심지로 번영을 누렸던 과거의 기억을 가지 고 있으며, 담양의 새로운 명소로 재탄생하기 위해 문화와 예술을 품은 디자인 테마거리로 거 리경관을 개선하는 사업이 필요하다. 따라서 담양의 대표관광지인 죽녹원 등의 관광자원과 담 양원도심의 거리연계성 확보로 방문객들의 이동 동선을 원도심 방향으로 유인, 확산시켜 지역 경제 활성화의 가교 역할을 할 수 있는 공간적인 가치를 지니고 있다.

ⓒ 사업대상지의 지리적 특성

담양은 광주에서 20분 거리이며 중부 및 영남권을 잇는 교통의 요충지로 호남고속도로, 고창담 양고속도로 및 광주대구고속도로 등이 지나는 접근성이 뛰어난 곳에 위치하고 있다. 특히 사업 대상지는 죽녹원, 관방제림 등 지역의 대표적인 관광지와 지리적으로 연속되어 있는 구간에 위 치하고 있다. 이 같은 지리적인 특징으로 국수거리 및 원도심 으로 향하는 방문객들의 이동 동선 을 최소화할 수 있다. 따라서 영산강과 원도심을 따라가는 이러한 방문객 동선계획에 따라 새로 운 콘텐츠가 배치되고 연출되어 계획되어야 한다.

세계대나무박람회가 열리는 죽녹원 | 사진출처_담양군

1-6) 쓰담길 구간 사업에 관한 국내사례 분석

국내사례에서 나타나는 특징들을 크게 3가지로 분석해보면 첫째, 지역이 가진 문화와 예술 자원을 상징화 하고 콘텐츠화하여 테마거리 자원으로 활용하였다. 둘째, 청년상인 및 지역 작가들의 참여를 유도하여 활력이 넘치는 테마거리로 조성되었다. 셋째, 지역이 가진 고유한 지역색을 특화시켜 주변환경과의 조화로운 거리 이미지 연출됨을 알 수 있다. 이러한 사례들을 분석해 볼 때 쓰담길은 지역의 특성과 공간의 성격에 부합하는 담양의 감성과 즐거움이 깃든 문화가 살아있는 거리로 조성되어야 한다.

1-7) 쓰담길 구간에 관련된 진행사업에 관한 분석

사업대상지는 담양시장 등과 함께 담양의 원도심 지역에 위치하고 있으며, 현재 원도심의 기능회복을 위해 전선지중화를 포함한 관련된 여러 사업들이 추진 중에 있다. 생활문화권 중심의 담양 원도심에 '사람·콘텐츠·공간'을 활용한 문화인프라를 구축하고, 상권회복을 위한 문화생태도시 조성사업 등을 추진하고 있어 이를 통해 담양읍 전체의 경제활성화를 도모하고 있다. 또한 인적자원, 지역문화 콘텐츠, 지역문화 공간의 재배치와 더불어, 기존의 생태관광권과 연계한 원도심에서의 문화관광 및 쇼핑관광 거리로 거듭날 것으로 기대된다. 장기 프로젝트로 국제적 생태문화도시 네트워크 구축, 국내외 작가 창작 레지던스, 유네스코 창의도시 네트워크 가입 등을 추진 중에 있다.

1-8) 쓰담길 구간 사업의 주안점

과거의 화려했던 번영의 기억과 담양의 문화와 예술적 정신 그리고 담양의 문화자원 콘텐츠를 융복합하여 문화관광에 기반을 둔, 디자인특화거리로 조성하는데 그 목적이 있다고 할 수 있다. 정리해 보자면 근대와 현대, 생태와 문화, 예술과 관광이 소비로 이어지는 문화인프라 구축을 통한 도시재생이 이루어지는 디자인 시범거리를 조성하는 것이다.

1-9) 쓰담길 구간의 개발방향

㉠생명력 넘치는 문화와 예술의 거리 연출로 지역의 문화와 예술이 접목된 문화예술의 거리를 조성하여 문화와 예술이 관광과 소비로 이어지는 순환구조 창출, 원도심의 경제활성화와 공동체 정신의 회복을 도모한다.

㉡스토리콘텐츠를 강화한 이야기가 있는 공감의 거리를 조성하여 담양의 다양한 자연자원과 인문자원 등 지역자원과의 네트워크를 통해 지역작가와 청년상인들의 입주와 다양한 문화체험 프로그램 등으로 인한 거리 정체성을 확립하고 누구나 보고 체험하고 즐길 수 있는 거리 이미지를 만들어 간다.

㉢깨끗하고 쾌적한 아름다운 거리를 조성하기 위해 사업대상지의 건물 내외부 리모델링과 간판디자인 등을 통한 거리 이미지를 개선하고 주변환경과 어울리면서도 기존 관광자원과도 조화로운 시각적 이미지를 창출하여 지역주민이 살기 좋은 담양 원도심으로 만들어 간다.

1-10) 쓰담길 구간의 사업의 종합분석

쓰담길 디자인시범거리 조성사업을 통해 담양군이 목표하고자 하는 점을 분석해 보면 방문객 동선의 유도와 확대를 통한 문화관광벨트의 확대와 문화, 예술, 마켓이 연계된 복합 문화관광지를 조성하여 지역의 경쟁력을 강화하는 한편, 건물정비와 환경개선으로 원도심 이미지를 개선하여 지역주민과 방문객 모두가 만족하는 다시 찾고 싶은 특화거리를 조성 하고자 한다.

V-2. '쓰담길' 테마거리 디자인의 방향 및 전략

2-1) 쓰담길의 디자인의 방향

담양의 문화와 예술컨텐츠를 주민참여로 엮어가는 생태도시 담양의 문화예술 특화거리 조성한다.

❖ART
청년예술상인들과 지역 작가들이 참여하는 문화와 예술의 공간으로 계획하여, 지역의 예술적 가치를 높이는 관광지로서의 가치를 상승한다.

❖CULTURE
담양이 가지고 있는 다양한 지역문화와 자원이 관광과 소비로 이어질 수 있는 문화 인프라 조성으로 다양한 문화와 아름다움이 있는 문화 상업지구 조성한다.

❖HUMAN
지역주민이 주체가 되고 지자체와 방문객이 함께 만들어 나가는 지역밀착형 문화 복합공간 연출하여 지역주민과 함께 만들어가는 열린 공간을 연출한다.

❖CONTENTS
지역주민이 주체가 되고 지자체와 방문객이 함께 만들어 나가는 지역밀착형 문화 복합공간 연출을 통해 공간별 테마와 연계된 콘텐츠를 계획한다.

❖SPACE
청정한 자연과 문화적 자산이 가득한 담양의 이미지를 형상화하여, 디자인시범거리로서의 공간 연출로 담양의 생태자원과 문화자원의 특징을 보여주는 공간을 연출한다.

2-2) 쓰담길의 디자인의 컨셉

쓰담길 17-4번지를 중심으로 펼쳐지는 사업의 진행을 위해 청년아지트 174라는 네이밍을 통하여 문화와 예술, 청년들의 이야기를 거리에 이미지로 담아내도록 최선의 노력을 다할 것이다.

삶의 터전에서 문화의 터전으로 **담양 감성 첫 걸음**	예술로 품어 문화로 피어 나는 **담양 문화 한 걸음**	사람들과 소통하며 공동체로 피어나는 **담양 활력 큰 걸음**

2-3) 쓰담길의 공간구성 계획

쓰담길은 디자인 컨셉에서 보듯이 담양의 문화와 예술을 체험할 수 있는 감성과 문화의 거리, 젊음의 활력과 신선함으로 사람들이 찾아오는 즐거운 거리 그리고 주민이 먼저 찾는 살기 좋은 아름다운 거리로 만들기 위한 공간으로 계획되었다.

추진단 운영공간	시각미술	음 악	문 학	공예 / 공방
Guest house Network house 독립책방 레지던시	창작공간 전시공간 공공미술 기획	전통국악 퓨전국악 순수음악 청년예술인	창작공간 인문교육 공간 학술/저술 공간	전통공예 공예판매장 공예체험 공예 교육장

2-4) 쓰담길의 디자인의 스토리

담양이 가지고 있는 생태관광자원을 바탕으로 다양한 문화와 예술적 감성을 사람들과 함께 체험할 수 있는 장소로서, 아름다운 감성이 길 위에서 꽃처럼 피어나는 곳이다. 오래된 거리와 건물에서 느낄 수 있는 감성이 매개체가 되어, 아름다운 담양의 이미지를 두 눈에 함께 담아 볼 수 있는 거리가 될 것이다.

끝없는 상상력으로 예술적 가치를 만들어내는 거리, 청년들이 가진 활력으로 젊은 생명력이 넘치는 거리와 주민들과 방문객이 모두 어울려서 함께 행복해하는 이곳은, 담양에서 꽃처럼 피어나는 빛나는 문화의 거리로 만들어 질 것이다. 향후 쓰담길은 감성을 만들어내는 길, 담양의 문화와 예술 그리고 사람들이 함께하는 아름다운 거리로 거듭날 것이다.

예술로 품어 문화로 피어나는
담양 문화 한 걸음

삶의 터전에서 문화의 터전으로
담양 감성 첫 걸음

사람들과 소통하며 공동체로 피어나는
담양 활력 큰 걸음

2-5) 쓰담길의 마스터플랜

아래의 그래픽은 구간별 계획을 보여주는 마스터플랜으로서 주차장에서 시작하여 쓰담길로 이어지는 모습을 보여주고 있다. 크게 A구간의 주차장 및 휴게공간, B구간의 예술창작공간, C구간의 사업단운영공간, D구간의 청년상업공간으로 계획되어 있다.

A 구간 | 주차장 및 휴게공간
- A1 잔디블록 주차장
- A2 조경 식재
- A3 거리 상징 텍스트 조형물
- A4 청년 상징 조형물
- A5 녹지공간 휴게벤치
- A6 소공연장

B 구간 | 예술창작공간 | ART SCAPE |
- B1 볼라드
- B2 종합안내판
- B3 차없는 거리 휴게벤치
- B4 예술창작공간
- B5 차없는 거리 도로계획

C 구간 | 사업단운영공간 | CULTURE SCAPE |
- C1 게스트 하우스
- C2 네트워크 하우스

D 구간 | 청년상인공간 | HUMAN SCAPE |
- D1 청년상인공간
- D2 옥상정원
- D3 이동식 아트마켓

2-6) 쓰담길의 세부 연출계획 총괄표

스토리	구분	연출형태	위치	연출내용
담양 감성 첫 걸음	주차장 조성 공간	잔디블록 주차장, 조경식재	A1 A2	잔디블록 및 조경을 식재하여 친환경적 주차장 조성
		텍스트 조형물	A3	벽면을 활용하여 거리의 시작을 알리는 상징적인 텍스트 조형 연출
		청년 상징 조형물	A4	문화예술의 상징성과 청년들의 자유분방함을 표현한 조형물 연출
		녹지공간 휴게벤치	A5	녹지공간에서 공연도 관람하며 휴식도 취할 수 있는 휴게벤치 조성
		소공연장	A6	방문객들이 다양한 문화예술 공연을 관람할 수 있는 소공연장 연출
담양 문화 한 걸음	예술창작 공간	볼라드 설치	B1	「차없는 거리」조성을 위한 차량진입금지 볼라드 설치
		사인시스템	B2	방문객들의 원활한 이용을 위한 종합안내시스템 계획
		쓰담길 휴게벤치	B3	「차없는 거리」중앙에 휴게벤치를 설치하여 방문객들에게 편의 제공
		근현대적 외부 파사드	B4	근현대적인 디자인을 접목하여 지역예술인의 창작공간 외부 파사드 연출
		차없는 거리	B5	「차없는 거리」조성을 위한 도로포장계획 및 연출
	사업단 운영공간	게스트 하우스	C1	근대 건축물의 형태를 원형에 가깝게 복원하여 게스트하우스로 운영
		네트워크 하우스	C2	사업운영단과 입주 청년들과의 커뮤니티 공간 연출
	청년상인 공간	개성있는 상업공간	D1	시대의 흐름이 느껴지도록 근대와 현대를 접목한 외부 파사드 및 그래픽 연출
		옥상정원	D2	녹지와 휴게공간을 조성하여 휴식과 함께 쓰담길의 거리를 한 눈에 조망할 수 있는 옥상정원 조성
		이동식 아트마켓	D3	지역주민들과 청년상인들이 공생하며 경제를 활성화 시키는 청년 및 주민참여형 이동식 아트마켓
담양 활력 큰 걸음	마을환경 개선구간	마을벽화		쓰담길 주변 마을의 좁은 골목의 환경을 개선하는 주민참여형 마을벽화 등 마을환경개선 참여
		명패 디자인		집집마다 붙은 작품으로 마을자체가 전시관이 될 수 있도록 집 주인의 마음이 담긴 명패 제작 참여
공통사항		간판디자인	전체구간	외부 파사드와 조화로우며 각 업소의 상징이 드러나는 간판디자인 연출
		야간경관조명	전체구간	야간 방문객을 위한 쓰담길 내 사인물 조명 및 가로등 경관 연출

V-3. '쓰담길' 테마거리 세부연출계획

3-1) 쓰담길_ 녹지공간 및 주차장 (청년 아지트 174)

이 구간은 "청년아지트 174"의 BI 안내판과 포토존으로 공간의 정체성을 부여한 쓰담길의 상징적인 공간이다. 거리의 시작을 알리는 상징적인 텍스트 조형물은 금속문자로 연출하여 입체감을 주었고 외벽의 마감재는 적벽돌로 조성하고 넝쿨식물을 식재함으로써 자연친화적이고 편안한 공간으로 조성한다.

연출개요	쓰담길 입구에 들어서면 '청년아지트174'의 안내판이자 조형 포토존 공간으로 공간의 정체성을 부여한 쓰담길의 상징적인 공간
연출방법	문자 및 그래픽은 금속문자로 연출하여 입체감을 주었으며 벽부를 적벽돌로 조성하고 넝쿨식물을 식재함으로써 자연친화적 디자인 효과를 낼 수 있도록 연출
연출목표	문화·예술·삶이 있는 '청년아지트174'와의 첫만남과 추억을 남기다

쓰담길_ 녹지공간 및 주차장 (청년 아지트 174) 구간의 현장사진

쓰담길_ 녹지공간 및 주차장 (청년 아지트 174) 구간의 세부연출계획 투시도

3-2) 쓰담길_ 문화예술 공연장

이 구간은 담양의 대나무를 활용한 조형적인 무대를 조성하여 다양한 공연과 행사가 이루어지는 공간이다. 주변에 앉을 수 있는 휴게벤치와 문화예술 공간임을 표현한 청년 조형물을 조성하여 활기가 넘치고 담양의 문화를 한 단계 업그레이드 시킨 "다양한 공연과 행사가 이루어지는 문화예술공연장"으로 디자인 한다.

연출개요	담양 쓰담길의 소공연장으로 대나무를 활용한 조형적인 무대를 조성하여 다양한 공연과 행사 및 이벤트 공간으로 활용
연출방법	대나무를 활용한 무대구조 아래 액자식 무대공간을 연출하고 주변에 앉을 수 있는 휴게벤치와 문화예술 공간임을 표현한 청년 조형물을 조성하여 공간에 활기를 더함
연출목표	다양한 공연과 행사가 이루어지는 문화·예술공연장으로 활용

쓰담길_ 문화예술 공연장 구간의 현장사진

쓰담길 문화예술 공연장의 현장사진의 세부연출계획 투시도

3-3) 쓰담길_ 예술창작 공간

이 구간은 쓰담길의 예술창작공간으로써, 과거 담양의 정취를 느낄 수 있는 근대문화의 거리 느낌으로 리뉴얼된 공간이다. 근대 역사가 살아 숨쉬는 아트플랫폼을 중심으로 지역의 청년들이 마음껏 재능을 발휘 할 수 있는 청년들의 창업공간을 조성하여, 창의력과 젊음이 넘치는 예술공간으로 거리를 조성한다.

연출개요	근대역사가 살아숨쉬는 아트플랫폼으로 청년들의 창작공방을 조성하여 예술활동을 할 수 있는 공간으로 연출
연출방법	근대건축물을 복원하여 근대역사거리를 조성하고, 담양을 상징하는 대나무를 연상시키는 가로등과 벤치, 볼라드 등을 조성
연출목표	과거 근대문화의 거리가 담양만의 느낌으로 다시 태어나다.

쓰담길_ 예술창작 공간 구간의 현장사진

쓰담길_ 예술창작 공간 구간의 세부연출계획 투시도

3-4) 쓰담길_ 예술창작 공간 내부 인테리어

예술창작 공간의 내부 인테리어는 기존 건축물의 마감재를 최대한 살리고 기존 건축물의 느낌은 극대화 할 수 있도록 적벽돌과 천연목재와 같은 마감재를 사용하며, 세련된 집기들을 실내에 배치하여 적벽돌과의 조화를 통해 모던한 문화예술 공간으로 만든다.

쓰담길_ 예술창작 공간 내부 인테리어 현장사진

연출개요	기존 건축물의 형태를 리모델링하여 모던하고 빈티지한 문화예술공간으로 조성
연출방법	기존 건축물의 마감재는 최대한 살리면서 기존 건축물의 느낌은 극대화 할 수 있도록 적벽돌과 우드 소재의 마감재를 사용하여 연출
연출목표	기존 건축물의 느낌이 살아 숨쉬는 문화예술공간으로 연출

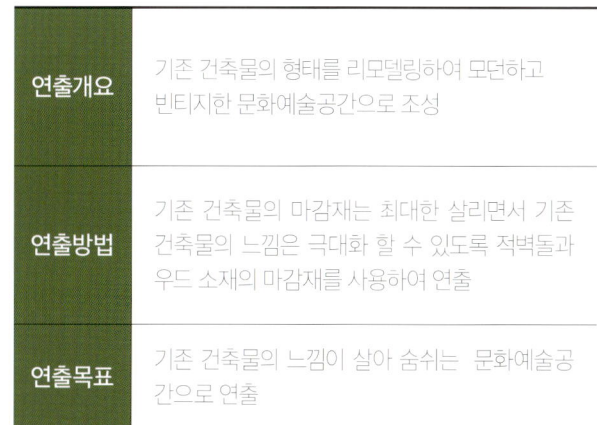

쓰담길_ 예술창작 공간 내부 인테리어 세부연출계획 투시도

3-5) 쓰담길_ 사업단 운영 공간(게스트하우스)

근대역사건축물의 느낌을 그대로 살린 쓰담길의 또 다른 상징공간으로 연출하며, 1층은 카페 2층은 게스트하우스로 운영하며, 방문객들에게 역사의 의미와 공간의 의미를 깨우칠 수 있는 공간으로 조성한다. 특징으로는 포근하고 아락한 전통적인 분위기가 느껴지는 창살의 인테리어와 접목하여 천년 담양의 근대건축물 복원의 의미를 담아 디자인한다.

연출개요	근대역사건축물을 복원하여 방문객들에게 역사의 의미, 공간의 의미를 깨우칠 수 있는 공간연출
연출방법	근대역사건축물의 느낌을 그대로 살린 쓰담길의 또다른 상징공간으로 연출하며, 1층은 카페 2층은 게스트하우스로 운영
연출목표	근대건축물을 복원한 게스트하우스에서 눈을감고 거리의 의미를 되새기는 공간을 연출한다.

쓰담길_ 사업단 운영 공간(게스트하우스) 구간의 현장사진

쓰담길_ 사업단 운영 공간(게스트하우스) 구간의 세부연출계획 투시도

3-5) 쓰담길_ 청년 상인 공간

이 구간에는 이동식 아트마켓을 조성하여 청년들에게 창업기회를 마련해주고, 기존의 샌드위치 판넬을 철거한 후 옥상에는 쓰담길을 전망하고 쉴 수 있는 루프탑을 조성하여 청년들이 작품을 사고팔수 있는 상인공간으로 구성한다. 죽순을 모티브로한 벤치의자의 클래식한 느낌과 치장벽 돌의 모던한 분위기를 디자인하여 활기가 넘치는 청년 상인공간으로 새롭게 태어나도록 한다.

연출개요	청년들의 작품을 사고팔수 있는 상인공간으로 쓰담길만의 활기찬 공간을 연출
연출방법	이동식 아트마켓을 조성하여 청년들에게 창업기회를 마련해주고 기존의 노후판넬은 철거하며, 옥상 에는 쓰담길을 전망하고 쉴 수 있는 루프탑을 조성한다.
연출목표	사람과 사람이 만드는 활기가 넘치는 청년 상인공간 으로 조성

쓰담길_ 청년 상인 공간의 현장사진

쓰담길_ 청년 상인 공간의 세부연출계획 투시도

Ⅴ-4. '쓰담길'의 기대효과

4-1) 쓰담길의 지역발전 방향 및 기대효과

㉠ 쓰담길은 시스템 구축의 목표: 지역이 함께 만들어간다.

- 쓰담길은 한때 죽물시장으로 명성을 알린 지역으로 그 흔적이 지금도 남아 있다. 지역의 자연과 문화자원의 활용과 기존 마을자원을 활용한 보전 중심의 환경개선 계획 수립한다.
- 옛 시장의 명성을 회복하기는 쉽지 않으나 새로운 문화의 시대를 맞이하여 쓰담길을 지역 주민과 방문객이 지역이 가진 자원을 활용하여 함께 만들어가는 문화의 거리를 조성하여 다시 찾아와서 함께 하며 쓰담길 지역 주민의 삶의 질을 높인다.

㉡ 쓰담길의 콘텐츠 과정: 새로운 문화을 접한다.

- 사계절 푸르고 곧은 담양 대나무 300여 년 역사의 죽물시장 주민들을 위한 쾌적한 환경은 방문객들의 방문을 늘리고 소비를 촉진시킬 수 있는 기반을 조성한다.
- 대나무가 자라기에 알맞은 기후와 토질을 갖추고 있어 전국에서 가장 넓은 대나무 밭을 가지고 있으며, 예부터 대나무의 고장 담양으로 유명하며, 죽물시장이 인접해 있는 담양시장 및 쓰담길 콘텐츠를 마을과 연계할 수 있는 프로그램 구축 및 이를 위한 주민교육 강화한다.
- 옛 선비들의 대나무를 벗 삼아 풍류를 즐기고 자연을 노래했던 마음으로, 방문객을 배려하는 서비스 경영 및 교육 실천 한다.

㉢ 쓰담길 조성의 결과: 삶의 질을 높이고 풍요로움을 제공 한다

- 대나무는 사계절 푸르고 곧게 자란다고 해서 지조와 절개를 상징한다. 담양의 마을이 가진 맛과 멋, 문화와 사람의 가치를 유지하며, 마을 환경개선과 지역발전을 위해 풍요롭게 살아가는 주민공동체를 형성한다.
- 쓰담길 조성 및 원도심 문화생태도시 조성사업을 통해 주민들의 직접적인 소득향상과 새로운 일자리 창출을 도모한다.

4-2) 쓰담길의 발전 방향

㉠ 관광 분야→모두가 함께 만들어가는 지역문화의 거리

-300연 년 동안 닷새마다, 끝수가 2와 7이 되는 날이면 관방제 아래 공터에는 전국 최대의 죽물시장이 섰다. 쓰담길 조성사업과 중앙로 문화생태도시 조성사업 등 관련사업과 지역자원의 콘텐츠를 연계하여 주민과 함께 만들어가는 경쟁력 있는 관광시스템 구축을 통해 풍부하고 청정한 자연생태자원 및 새로 조성될 문화예술 콘텐츠를 기반으로 생태관광과 문화관광을 콘텐츠로 디자인 개발을 한다.

-홍보마케팅 및 이벤트, 마을 축제 등의 행사를 주민이 직접 기획하고 진행하는 마을사업의 내발적 발전을 지향하여 모두가 함께 만들어가는 지역문화의 거리를 조성한다. 이에 대한 연계 기대효과로 죽녹원, 관방제림, 국수거리 등 잘 알려진 관광지를 찾는 방문객들의 동선이 영산강을 따라 마을 안까지 유입되어 주민과 방문객이 모두 즐겁고 행복한 마을 공간 지향하여 모두가 함께 만들어가는 지역문화의 거리를 만든다.

ⓒ 환경 및 문화 분야→자연과 사람이 함께 높이는 지역의 가치

-1990년대 이후 국내경제가 선진국 대열 속으로 진입 함과 동시에 죽세공예가 사양산업으로 전락하기도 했다. 그 후 죽물시장이 침체되어 있으나 요즘 다시 천연자연으로 대나무 숲과 영산강변을 비롯한 마을과 인근의 환경 보전과 효과적인 관리방안 계획 세워서 작지만 매력 있는 문화거점과 문화명소를 마련하여 문화예술을 접목한 고부가가치 창출에 기여한다.

지역주민들의 참여로 지역의 문화적 역량을 강화하고 삶의 질 향상과 인구 감소, 고령화에 대비한 정주 공간 정비, 생활환경 조성에 목표를 둔다. 또한 연계기대 효과로 대나무 숲, 영산강변을 비롯한 마을과 인근의 환경 보전과 효과적인 관리방안 계획하여 매력 있는 문화거점과 문화명소를 마련하여 문화예술을 접목한 부가가치를 창출한다.

ⓒ 주민공동체 분야→주민이 먼저 행복한 우리 마을 만들기

1920년대에 맥이 끊겼다가 1999년부터 대나무 심는 날의 의미를 되살려 대나무 놀이와 음식 등 다양한 문화와 체험을 할 수 있는 유명 축제로 거듭나 오늘날까지 이어지고 있다. 주민들의 활발한 참여를 보장하고 협력적 네트워크를 구축하여 지역 리더와 인재를 육성하고 주민 역량강화를 위한 전문 과정 등 프로그램 개발을 통해 지역 외부전문가, 기업가, 문화인 등과 교류 네트워크를 구축하며 또한 연계 기대효과로 담양 원도심의 주요거점 장소로 활용될 마을의 내발적 발전을 위해, 주민들을 위한 교육 및 복지프로그램 등을 활용한 행복한 주민공동체를 형성한다.

4-3) 쓰담길의 추가제안

㉠ 주민 및 방문객 참여 프로그램 제안의 기본방향

담양주민 및 방문객이 참여하는 다양한 프로그램을 시행하여 지역 주민커뮤니티 및 상가 협의회 등과 연계하여 지역의 학교, 학생 및 학부모 조직과 해당 지자체 관련 공무원과 연계한 소속별, 세대별, 타깃별 프로그램 다양화 계획이 기본방향이다. 교류, 문화행사로 지역장터, 주민커뮤니티모임 등 참여하여 공연, 전시 등 이벤트 활동 참여로 담빛길, 물빛광장, 마을골목 등 마을특화자원 관광과 지역에서 벌어지는 축제 및 이벤트 행사에 참여한다.

㉡ 교육, 체험의 주기적인 이벤트로 지속가능한 참여 유도

교체 가능한 경관개선 협력프로젝트 및 주민수익사업 등 지속가능 참여모델 구축하여 지역행사나 계절축제 등 정기적인 마을 이벤트 행사로 주민과 방문객이 직접 참여할 수 있도록 계획한다. 주민 대상의 교육활동 및 마을행사 기획 및 참여시켜서 마을경관 가꾸기 및 마을환경개선 등 주민대상 행사를 한다. 또한 인근 교육시설 및 커뮤니티 공간 연계한 문화체험 및 각 활동의 중심 공간과 벽화그리기 등 마을환경개선 등 지역문화체험 관련 프로그램에 자발적인 동참을 유도한다.

ⓒ 참여형 프로그램에 의한 지역경쟁력 및 지역브랜드 상승

담양 주민들의 노력과 발전 도모 통해 지역의 자원과 연계된 차별화된 경관 개선과 자기 지역에 대한 정체성과 자긍심을 고취시켜서 방문객들의 지역과 마을에 대한 관심 증대 및 재방문할 수 있는 계기를 마련한다.

지역행사 및 마을이벤트에 주민 주도의 로컬푸드 판매와 청년상인, 다미담 프로젝트와 연계한 판매 프로그램 계획하여 지역의 음식을 맛보고 체험하게 한다. 산지 로컬푸드 구매와 슬로푸드 아카데미 등 음식문화체험 프로그램 실시한다. 사업대상지와 마을 인근 곳곳에 휴식 및 포토존 구성, 차량통행을 하지 않는 걷기, 안전한 거리 조성등의 주요 시설에 인접하여 배치한다.

4-4) 쓰담길의 유지관리 방안

㉠ 본 프로젝트의 유지관리의 중요성은 쓰담길 디자인 테마거리는 담양을 찾는 방문객의 동선을 담양의 대표적인 생태관광지인 죽녹원에서 원도심으로의 확산 및 이동시켜 지역의 가치를 더욱 높이는 역할을 하는 문화 콘텐츠로 성장할 것으로 예상해 본다. 한때 죽제품시장의 명성을 따라서 담양을 찾는 방문객들에게 쾌적하고 청결한 지역 이미지와 담양 원도심의 긍정적 이미지를 전달하기 위하여, 주변 환경을 포함한 유지관리의 필요성을 감안하여 설계를 진행해야 된다고 생각한다.

㉡ 유지관리 방안으로 효율적이고 일관성 있는 관리 계획과 통합적 유지관리 시스템 구축 통해 예방적 유지관리와 환경, 위생 등을 가장 적합한 상태로 유지관리한다. 환경에 의한 손상이 적고 장기적보수가 가능한 재료를 사용하여 시설 간 활용성을 생각한 점검 계획을 통해 최적의 유지관리를 수행한다.

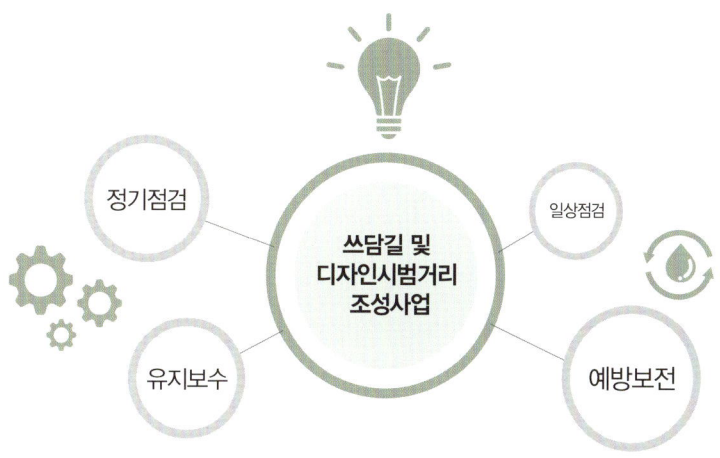

PART VI

담양에코센터 전시관의 분석

VI-1 담양에코허브센터의 콘텐츠 및 전시디자인

VI-2 담양에코허브센터의 디자인 기본방향

VI-3 에코센터 세부연출 계획

VI-4 에코센터의 기대효과

Ⅵ-1. 담양 에코센터의
콘텐츠 전시디자인

늘 푸른 녹색정원으로의 초대! 꿈꾸는 향기의 정원! 아름다운 생태문화도시 대숲 맑은 담양! 죽향 담양의 자연·환경·생태의 체험과 교육이 조화롭게 어우러지는 다목적 복합문화공간으로 태어나다.

1) 지역밀착형 열린 공간 계획 공간의 특성에 맞는 효율적으로 활용할 수 있는 공간 구성으로 콘텐츠를 선정

2) 공간 테마와 연계된 콘텐츠 연출 계획 수립과 자연 친화적인 접근을 통해 공간의 가치를 부각시킬 수 있는 공간 연출계획

3) 주민과 방문객을 위한 체험 및 교육의 공간 구성 개방적인 공간에서 자유로운 체험 및 교육적인 전시와 휴식이 가능하도록 운영

1-1) 사업개요 및 목적

담양군민과 관광객이 함께 어우러져 소통하고 교감하는 담양 에코허브센터를 통해 전시와 체험, 놀이와 휴식이 조화로운 즐겁고 쾌적한 담양에코허브센터 연출로, 복합 문화공간, 생태허브공간, 힐링휴식공간, 체험·교육의 공간으로 조성한다.
담양에코허브센터 콘텐츠 디자인 및 제작·설치로, 생태, 환경체험, 교육이 함께 할 수 있는 공간을 확보한다. 메타프로방스와 연계한 고품격의 관광 휴식공간을 제공하며 외부 방문객 및 주민에게 재미와 흥미가 있는 환경 교육 공간 및 고품격의 휴게 공간 제공으로 생태도시 담양을 대표할 수 있는 에코허브센터 공간 확보 하는데 이 사업의 목적이 있다.

1-2) 사업의 내용과 범위

담양에코허브센터의 공간적 특성을 고려한 콘텐츠 구성 및 기획과 함께 이동 동선의 편리성을 고려한 짜임새 있는 구성 및 스토리를 전개한다. 독창적이고 창의적인 디자인으로 제작하기 위해 현장을 답사하여 현장조건을 조사한 후 디자인을 전개할 예정이다. 공간적 범위는 담양 에코허브센터 내 전시, 휴게, 교육·체험관(출입구, 통로를 포함)이며, 전시 공간(185.63㎡), 휴게 공간(154.48㎡), 교육·체험 공간(239.38㎡), 기타(139.82㎡)이다.

1-3) 사업의 방향

전시와 체험, 놀이와 휴식이 조화로운 즐겁고 쾌적한 담양 에코허브센터 연출로 외부 방문객 및 주민에게 재미와 흥미가 있는 환경 교육 공간 및 고품격의 휴게 공간을 꾸며주는 것이 사업의 방향이다.

복합문화공간 조성
전시, 교육, 체험, 휴식등의 체험과 교육의 공간으로서 방문객들의 니드를 충족시키는 다양한 공간으로 구성된 복합문화 공간이다.

생태허브공간 조성
담양의 생태와 자연을 중심으로 한 전시 구성물과 내부디자인 등 녹색의 생태를 테마로 한 생태 허브 공간이다.

힐링휴식공간 조성
주민과 방문객의 휴식과 회복을 목적으로 메타프로방스와 연계한 고품격 휴계 공간 조성을 통해 힐링 휴식 공간을 제공한다.

체험및 교육공간 조성
일상에서 자연을 만나고 보호할 수 있는 주민과 방문객을 위한 교육과 체험의 공간을 조성한다.

1-4) 대상지 현황 분석

ⓐ 입지분석

담양에코허브센터는 '호남기후변화체험관'과 '개구리생태공원'이 있는 부지와 같은 공간에 조성되어 있다. 특히 2019년 약 120만명이 찾은 메타쉐쿼이아 길, 메타프로방스와 이어져 있어, 향후 이들 공간과의 시너지효과로 많은 방문객들이 찾아올 것으로 예상되는 곳이다.

또한 주민과 방문객을 대상으로 친환경지속가능도시를 교육·홍보하고 담양의 주요 관광자원과 역사를 소개하는 게이트 허브(Gate Hub) 기능과 지역의 환경관련 전문기관과 주민 등이 참여해 친환경지속가능도시를 만들어가는 거버넌스 역할을 하게 될 것으로 기대되는 곳이다. 따라서 센터의 성격에 맞는 공간의 형성과 함께, 방문객들의 욕구를 충족해 줄 수 있는 다양한 체험과 휴식공간의 조성이 필요하다.

ⓑ 타겟분석

기존 메타프로방스와 메타쉐쿼이아길 방문객들의 적극적인 유입과 가족단위 관람객을 중심으로 한 타켓을 설정한다. 첫째, 1차 타깃은 가족단위 관광객 유치로 자연과 생태에 대한 가족 구성원의 즐거운 경험과 함께 체험과 교육을 통한 아이들의 감성을 자극하고, 또한 몸과 마음의 안정을 위한 휴식공간의 조성을 위한 공간연출 구성하여 새로운 생태문화 경험 공유 하는데 있다. 둘째, 2차 타깃 학생단체로 기후변화체험관 및 개구리생태공원과 연계하여 담양의 자연생태에 대한 정보와 경험을 제공하고, 인간에게 주는 이로움과 영향을 배우고 체험하는 교육의 기회를 제공하여 담양의 자연생태에 대한 이해를 증진시킨다.

셋째, 3차 타깃 지역민이며 자연환경의 보호와 이를 통한 관광자원화를 통해 생태도시 담양의 이미지를 높이고, 지역공동체 활성화 및 방문객과의 소통으로 지역 브랜드 상승 도모를 통해 자연환경에 대한 이해 및 주민공동체를 활성화 하는데 있다.

ⓒ SWOT 분석

주변관광 자원과 연계한 공간으로, 지역발전에 활력을 주며 사업의 취지에 부합한 테마개발로 공간의 완성도를 높인다. 또한 직관적인 체험시스템과 색다른 문화체험을 통해 차별화된 공간계획을 수립하고, 관광객의 적극적인 유입으로 담양 에코허브센터를 기억에 남는 공간, 관람객을 배려한 공간으로 디자인 계획을 수립한다.

Strength	Weakness
-다양한 관광자원들과 인접해 있는 지리적 위치 -생태도시 담양의 도시브랜드 상승	-현재는 메타쉐쿼이아 길을 통해서만 접근 가능 -방문객을 위한 홍보의 부족
Opportunity	Threat
-담양에코허브센터 시설 구축 -향후 지속적인 투자를 한 인프라 구축 계획	-허브센터의 기능을 위한 좁은 면적의 한계 -걸어서 이동해야만 해 타겟 설정의 한계

1-5) 사례분석

㉠ 부산 을숙도 에코센터

교육실, 기획전시관, 전시관, 다목적 영상실 등 낙동강하구의 역사와 생성과정이 다양한 동식물과 철새로 전시되어 있으며, 소재지는 부산 사하구 낙동 남로 1240번지에 위치하고 있다.

㉡ 서천 국립생태원

세계 5대 기후와 자연 및 서식 동식물을 관찰할 수 있는 생태 연구·전시·교육 공간으로 야외생태공간에서 자연생태를 직접적으로 관람수 있으며, 충청남도 서천군 마서면 금강로 1210번지에 위치하고 있다.

㉠ 국립낙동강생물자원관

생물자원의 보존과 전문연구시설로 일반인과 연구자들의 소장 표본이 전시되어 있으나, 전시물과 연동되는 체험시설이 부족한 한계성이 있다. 소재지는 경상북도 상주시 도담2길 137번지에 위치하고 있다.

㉡ 고흥청소년우주체험센터

우주항공에 관한 전시·홍보 체험공간으로 지역과 연계성이 있는 특성화 시설로 창의적인 체험 활동이 가능하며, 놀이를 통한 학습이 가능하다. 소재지는 전라남도 고흥군 동일면 덕흥 양쪽길 200 번지에 위치하고 있다.

1-6) 차별화전략

담양의 생태관광을 위한 새로운 허브탄생을 위해 자연을 테마로 한 공간 및 특화된 콘텐츠 구축으로 생태도시 담양의 정체성이 담긴 테마공간을 조성한다.

첫째, 인테리어 구성에서 독창적인 공간구성을 통해 디자인 차별성을 강조한다. 공간연출이 메시지를 전달 할 수 있는 전시구성 연출과 자연친화적 소재 및 트렌드를 반영한 디자인 연계를 통해 디자인 차별화를 구성한다.

둘째, 효율적인 연출을 위해 경험하는 테마를 통한 효율적인 전시와 휴식, 체험과 교육을 위한 공간을 구성한다. 테마를 통한 접근으로 직관적인 공간디자인 연출하고 사용자 중심의 콘텐츠 개발과 휴계 및 지역자원 홍보 공간을 조성한다.

셋째, 자연친화 휴식 공간을 위해 사용자의 재방문과 입소문을 통한 홍보를 유도하는, 독창적이고 즐거운 힐링 휴계 공간을 연출한다. 심신의 휴식을 위한 힐링 공간으로 방문객의 욕구와 사업대상지의 특성을 파악하여, 특화된 담양을 재연한다.

넷째, 가치 있는 공간을 위해 담양군 메타프로방스, 메타쉐쿼이아 길, 기후변화체험관 등 인접한 관광자원과 연계하여 시너지를 높일 수 있도록 계획하며, 담양의 가치를 보여주는 스토리텔링 통해 생태자원 공간을 보여 주면서 관광의 새로운 허브를 창조한다.

VI-2. 담양 에코센터 전시장 디자인 기본방향

2-1) 기본방향

환경자원의 교육, 체험, 생태적 가치와 더불어 지역의 특징과 정서적 공감을 이끌어 내는 담양 에코허브센터는 공간의 특성에 맞는 효율적인 공간 구성과 지역밀착형 열린 공간 계획으로 테마를 콘텐츠화하고 자연 친화적인 접근을 통해 공간의 가치를 부각시킬 수 있는 연출계획 수립한다. 또한 개방적인 공간에서 자유로운 체험 및 교육적인 전시와 휴식이 가능하도록 효과적인 운영을 통해 주민과 방문객을 위한 체험 및 교육의 공간 구성이 담양 에코허브센터의 디자인 기본방향이다.

㉠ 휴식공간과 전시공간, 체험 및 교육을 위한 공간 조성으로 공간의 효율적인 활용성 증대
㉡ 담양의 생태자원을 상징화한 이미지를 실내정원의 개념으로 확장시켜 공간연출
㉢ 다양한 교육적 체험활동 및 교육프로그램을 통해 에코허브센터로의 역할 유도

2-2) 컨셉 및 스토리라인

늘 푸른 녹색도시인 담양에서 만나는 향기가 가득한 녹색정원! 몸과 마음이 쉬어갈 수 있는 꿈꾸는 정원으로 관람객을 초대 한다는 컨셉을 가지고 전체적인 공간구성을 하며, "꿈꾸는 향기정원"이라는 주제어를 가지고 쉬어가는 정원, 생태도시 담양, 꿈꾸는 마당의 조닝계획으로 연출한다.

2-3) 전시관 배치계획

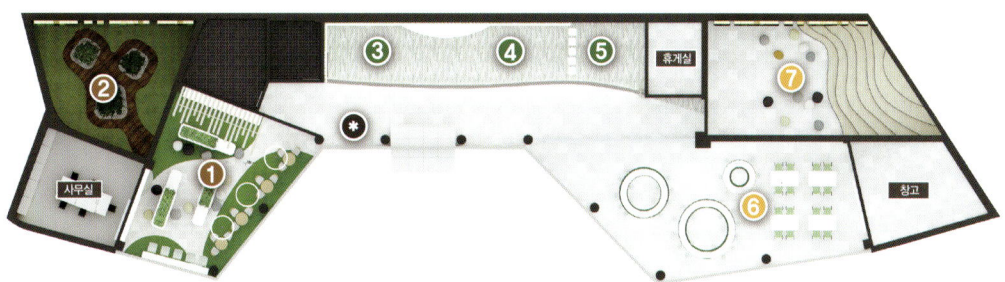

| 동선계획 |
관람, 안전, 운영을 고려한 동선계획
공간의 활용성을 높이기 위하여 공간 조닝 계획과 영역 구분, 시각적 오픈성을 최대한 살려 공간이 연속적으로 흐를 수 있도록 계획

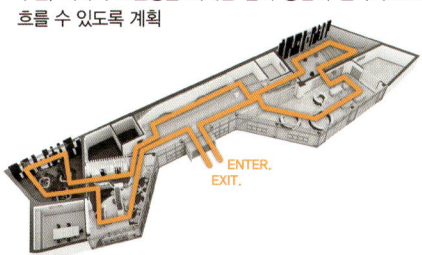

| 조닝계획 |
스토리라인에 기반한 명확한 테마
스토리라인에 따른 콘텐츠의 유기적 연계 배치와 주제별 체험플랫폼 형성으로 관람효율성 제고

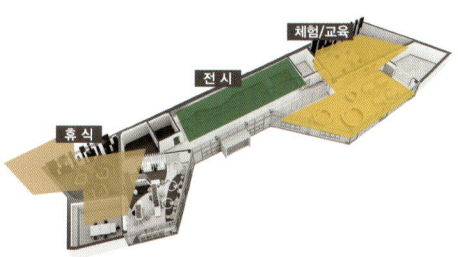

| 평면계획 |

쉬어가는정원
- ✱ 입구로비
- ❶ 무인북카페
- ❷ 힐링휴게공간

생태도시 담양
- ❸ 전시공간1
  담양으로 떠나는 생태탐험
- ❹ 전시공간2
  자연이 주는 희망선물
- ❺ 기획전시공간

꿈꾸는마당
- ❻ 교육실 1
  일상을 가꾸는 자연마당
- ❼ 교육실 2
  미래를 꿈꾸는 참여마당

| 배치계획 |

콘텐츠 몰입환경을 위한 공간
· 주제별 콘텐츠 특성에 맞게 조명 및 시야를 고려
· 체험코너 간 간섭과 소음발생을 최소화

주어진 조건이 최적화된 공간
· 기존공간의 특징과 동선, 관람환경을 고려한 최적의 평면구성
· 공간을 효율적으로 활용하여 입체감 있는 디자인과 개방감으로 흥미요소 증대

2-4) 마스터플랜

꿈꾸는 정원으로 관람객을 초대 한다는 컨셉과 "꿈꾸는 향기정원"이라는 주제어를 가지고 사람과 자연이 공존하고 생태숲이 감싸 안은 천년담양의 자연생태문화를 느낄 수 있는 공간으로 계획되었다.

연출공간	연출내용	연출공간	연출내용
ZONE *	입구 데스크	ZONE 4	자연이 주는 희망선물
ZONE 1	책과 만나는 녹색정원	ZONE 5	기획전시 공간
ZONE 2	모두가 따뜻한 실내정원	ZONE 6	일상을 가꾸는 자연마당
ZONE 3	담양으로 떠나는 생태탐험	ZONE 7	미래를 꿈꾸는 참여마당

2-5) 담양에코허브센터 총괄연출표

주 제	내 용	공 간
안내데스크	담양에코센터의 안내 및 담양의 생태, 연계시설 등을 소개	입구 로비
책과 만나는 녹색정원	무인으로 운영되는 북카페 형식으로, 초화가 식재된 화분을 통한 희망나무 연출	무인북카페
모두가 따뜻한 실내정원	녹화된 벽면과 인조잔디로 연출한 바닥을 통해, 쉬어갈 수 있는 실내정원 연출	힐링휴게공간

담양으로 떠나는 생태탐험	A. 담양이 지켜온 아름다운 산과 강
	    - 담양의 대표적인 산림자원과 수변자원을 소개
	
	B. 담양에서 만나는 동물과 식물
	    - 담양에서 볼 수 있는 동물과 식물을 소개
	
	C. 담양의 소리를 들어 보아요
	    - 바람소리, 물소리, 새소리 등 담양의 소리를 직접 들어볼 수 있는 콘텐츠
		전시공간 1

자연이 주는 희망선물	A. 담양의 생태계를 지키는 우리
	    - 생태자원 보존의 필요성과, 이를 지켜나갈 사람의 중요함을 알리는 공간
	
	B. 생명력 넘치는 담양의 생태계
	    - 담양의 아름다운 사계절을 보여주는 자연의 모습을 모니터와 음향으로 연출
	
	C. 일상에서 만드는 자연의 선물
	    - 화분체험이나 대나무체험 등 재미를 느낄 수 있는 교육적 체험활동 소개
		전시공간 2

기획전시공간	슬라이드 가벽을 활용하여 기획전시를 진행할 수 있는 별도의 전시공간 연출	기획전시공간
일상을 가꾸는 자연마당	교육과 체험을 진행할 수 있는 공간으로 원형 작업테이블과 강의용 책상으로 구성	교육실 1
미래를 꿈꾸는 참여마당	계단식 강의실의 형태를 하고 있어, 강의를 비롯하여 영상을 활용한 행사가 가능	교육실 2

VI-3. 세부연출 계획

3-1) 쉬어가는 정원(휴식공간) - 책과 만나는 녹색정원

ZONE 1의 책과 만나는 녹색정원의 공간은 무인으로 운영되는 북 카페 형식으로, 조화가 식재된 화분을 통한 희망나무 연출과 향기 품은 숲과 자연에 대한 이야기를 담아 공간을 디자인하였다. 자연소재의 모던한 가구들과 편안한 자세로 책을 읽을 수 있도록 마련된 공간으로 인조식물 식재를 통해 공간의 테마성을 부각시킨 희망나무 독서대, 인조식물 식재, 휴게의자, 책 진열장의 배치로 동심의 세계로 들어가 숲과 나무, 자연과 생태에 대한 이야기를 하고자 한다. 추가적인 요소로 스마트 커피머신기를 설치한다.

ZONE 1	책과 만나는 녹색정원
연출내용	무인북카페 - 책과 만나는 녹색정원, 향기 품은 희망나무
연출목표	숲과 나무, 자연과 생태에 대한 이야기를 담은 공간을 연출

쉬어가는 정원(휴식공간)의 세부연출계획 투시도

3-2) 쉬어가는 정원(휴식공간) - 모두가 따뜻한 실내정원

ZONE 2의 모두가 따뜻한 실내정원의 공간은 담양의 메타쉐쿼이아 길과 관방제림에서 모티브를 가져온 자연의 힐링 공간 연출과 그린디자인의 키워드로 나무 식재와 벽면녹화 등을 통해 쉬어가는 녹색의 정원으로 공간을 연출하여 디자인하였으며, 따뜻한 실내정원의 감성을 느낄 수 있도록 연출 하였다. 벽면은 현대적 감각의 노출 콘크리트와 바닥마감재의 그린 인조잔디와 화단 형태의 실내정원, 나무의 조화와 인공조명의 연출로 자연 힐링의 이미지를 최대한 부각시키도록 연출하였다.

ZONE 2	모두가 따뜻한 실내정원
연출내용	힐링휴게공간 - 모두가 따뜻한 실내정원
연출목표	따뜻한 자연의 감성을 담은 실내 정원에서 몸과 마음도 쉬어가는 녹색정원 연출

힐링휴게공간 - 모두가 따뜻한 실내정원의 세부연출계획 투시도

3-3) 생태도시 담양(전시)

담양에코 허브센터 입구에 들어서면 보이는 공간으로, 담양의 생태자원에 대한 설명을 그래픽 패널 및 LCD 영상을 통해 담양이 가진 생태자원의 가치를 발견하고 알리는 공간이다. 효과적이고 차별화 전략에 따른 콘텐츠의 공간배치와, 담양이 지켜온 아름다운 생태환경인 산림자원과 수변자원을 소개한다. 또한 담양에서 볼 수 있는 동물과 식물, 바람소리, 물소리, 새소리 등 담양의 소리를 직접 들어 볼 수 있는 콘텐츠의 영상매체를 구성한다. 전체 마감계획중 바닥부는 기존의 밝은 톤의 타일로 구성하였고, 킬러 콘텐츠인 중앙부의 영상 콘텐츠는 담양이 지켜온 아름다운 자연과 동식물의 이야기를 담아 자연친화적인 디자인으로 계획 하였다.

ZONE 3,4,5	모두가 따뜻한 실내정원
연출내용	입구에 들어서면 보이는 공간으로, 담양의 생태자원에대한 설명을 패널 및 영상으로 연출
연출목표	담양이 지켜온 아름다운 자연과 동식물의 이야기를 담아 생태자원을 가치를 발견하고 알리는 공간 연출

생태도시 담양(전시) 공간의 세부연출계획 투시도

3-4) 꿈꾸는 마당(체험) 교육실 1

ZONE 6의 꿈꾸는 마당(체험) 공간은 방문객을 대상으로 교육과 체험프로그램을 진행할 수 있는 교육 문화 공간이다. 교육과 체험프로그램을 진행 할 수 있도록 원형 작업테이블과 강의용 책상을 배치하였다. 배치도의 특징적인 부분을 살펴보면 서로 마주보며 체험과 교육프로그램을 할 수 있도록 공간 활용에 최적화된 원형의 작업 테이블을 활용하여 모두가 편안하고 집중 될 수 있는 환경을 조성하였고 환경적인 특징을 살펴보면 담양의 생태자원을 소개하는 자연친화적인 교육체험 공간으로 디자인하였다.

ZONE 6	교육실 1 - 일상을 가꾸는 자연마당
연출내용	교육과 체험을 진행할 수 있는 공간으로 원형 작업테이블과 강의용 책상으로 구성
연출목표	자연과 교감할 수 있는 교육과 체험프로그램을 진행할 수 있는 교육문화공간 조성

꿈꾸는 마당(체험) 공간의 세부연출계획 투시도

3-5) 꿈꾸는 마당(체험) 교육실 2

ZONE 7의 공간은 다양한 프로그램을 실행할 수 있는 다목적 문화공간으로서 교육과 체험프로그램을 진행할 수 있는 다목적 공간이다. 벽면부 녹화시스템과 함께 계단식 강의실의 형태로 디자인 되어 다양한 교육 및 강의프로그램 그리고 소규모 이벤트 공연이 가능한 다목적 문화공간으로 연출하였고, 이 공간 역시 전체공간의 테마에 어울리는 친환경적인 자연소재와 색상등의 계획으로 미래를 꿈꾸는 모든 방문객들에게 꿈과 희망을 심어줄 수 있는 다목적 문화공간으로 디자인하였다.

ZONE 7	교육실 2 - 미래를 꿈꾸는 참여마당
연출내용	계단식 강의실의 형태를 하고 있어, 강의를 비롯하여 영상을 활용한 행사가 가능
연출목표	자연을 닮은 교육과 강의공간으로 주민과 방문객이 다양한 프로그램을 실행할 수 있는 다목적 문화공간으로 조성

꿈꾸는 마당(체험) 교육실 2 공간의 세부연출계획 투시도

VI-4. '담양 에코허브센터'의 기대효과

4-1) 담양 에코허브센터 관리운영계획

㉠ 교육 및 체험프로그램 기본방향

담양을 찾는 방문객들을 대상으로 한 홍보·마케팅 시행과 유치원을 비롯한 지역의 학교, 학생 및 학부모 조직과 연계하며, 해당 지자체 관련 공무원 조직과 연계 을 통해 지역 주민 커뮤니티 및 상가협의회 등과 담양 에코허브센터를 통한 지속가능한 교육 및 체험프로그램을 운영한다.

라이프 스타일에 따른 소속별, 세대별, 타깃별로 프로그램의 다양화 계획을 통해 메타프로방스, 호남기후변화체험관 등 인근 자원과 연계한 프로그램 계획하여 담양 대나무축제, 크리스마스 축제 등 정기적인 지역의 행사와 연계한 다양한 이벤트로 방문객들이 유입될 수 있는 계기를 마련해 방문객 연령대 및 방문 목적별 다양한 프로그램을 시행한 과정이다. 방문객뿐만 아니라 주민들을 위한 생태환경교육 시행으로, 지역에 대한 애정 및 자긍심 고취 도모하며 담양에 대한 방문객들의 이해 및 자연생태환경에 대한 관심 증가로 인해 재방문 할 수 있는 계기 마련하며 주민들의 노력에 의한 지역발전을 도모하며 참여형 프로그램에 의한 방문객의 만족도 및 지역이미지 상승 효과를 기대한다.

㉡ 학교와 연계한 교육 프로그램

단기적·장기적 체계적인 교육목표를 설정하여 일회성 교육을 통한 프로그램과 학기 중 장기 프로그램을 위한 지속적인 시스템을 제공한다.

교육대상	학생단체	교사
교육주체	· 전문 해설사 · 외부 전문강사 · 교사	· 생태환경 전문가 · 전문 해설사 (생태 및 문화)
교육내용	· 전시장 및 기후변화체험관과 연계 · 교과연계	· 교과와 연계된 이론 강좌 · 학교에서 할 수 있는 환경교육
교육형식	· 에코센터 : 해설사 진행 · 학교 : 교사 진행	· 교사를 위한 워크샵 진행 · 해설이 있는 관람
기타	· 에코허브센터의 세미나실을 활용한 영상 및 강의 교육 (일회성 교육)	

ⓒ 문화행사 및 체험 프로그램

담양 에코허브센터 내에서 할 수 있는 일회성 체험 프로그램 행사 및 방문객 모두가 참여로 다양한 문화행사와 교육 체험 프로그램을 개발하여 제공한다.

4-2) 담양 에코허브센터의 운영계획

담양의 생태와 관광자원을 활용하여 모두가 함께 만들어가는 지역의 명소로서, 거리주변 문화관광지와 연계된 관광 시너지를 위한 운영방안을 제시하여 방문객들의 재방문 및 만족도의 상승과 인근 관광자원 프로그램 연계를 통한 효율적인 운영과 담양의 생태자원을 테마로 한 허브의 역할과 함께 휴식공간으로서의 위상을 담당하는 것이 담양에코센터의 주된 목적이자 향후 지속가능한 센터의 기능을 유지하는데 가장 중요한 부분이 될 것이다.

프로그램	내 용	대상
나만의 만들기 교실	흙그림 그리기, 천연방충제 등 자연친화적인 만들기 체험	6세이상
바다를 살리는 환경교실	물을 깨끗이 하는 방법으로 쓰레기 낚시 놀이 체험	6세이상
허브체험교실	허브를 이용한 친환경제품(향주머니 등) 체험	6세이상
유아생태교실	유아를 대상으로 한 계절별 놀이위주, 체험위주 프로그램	유아단체
개구리생태공원 탐험	개구리생태공원 탐장을 통한 습지 및 생물 관찰	유아단체
대나무로 만들어요	대나무를 활용한 간단한 놀이도구 제작 및 활용	초등이상
종이로 만드는 업사이클링	종이를 활용한 업사이클링 제품을 찾고 나만의 제품 구상	초등이상
쓰레기 제로에 도전	쓰레기를 줄이는 방법을 찾고, 분리수거 방법 실습	초등이상
창의력 쑥쑥 열린생태교실	초등학교 교과과정과 연계한 체험학습 지도	초등단체

4-3) 담양 에코허브센터의 관리계획

담양 주변의 문화 관광지와 연계된 관광 시너지를 창출하기 위한 운영방안과 함께 아래의 체계적이고 단계별 관리방안을 통해 지속적이고 안정적인 관리시스템을 구축한다.

Technical Verification
철저한 기술검증!
호환성이 확보되며
성능이 검증된
최신 솔루션 도입

Reliable System
틈새 없는 운영!
24시간 365일
보장하는 안정적
시스템 구축

Unified System
운영시나리오 및
시스템의 일체화

Strict Test
유비무환! 엄격한
시스템 시험과
충분한 시운전을
통한 완벽 추구

Trustful Collaboration
끈끈한 협업체계!
거시적 시각으로
사업 리드

㉠ 전시컨텐츠의 점검 및 보수계획

구 분	일상점검	정기점검
그래픽패널	항상 청결상태 유지, 색상변질 훼손 여부	지속적인 업데이트 부분
영상/SW	시스템 작동여부, 케이블 결합상태 및 표시등	컨트롤 라인, 영상 및 컨트롤 S/W
모 형	정상작동 여부 점검, 모형 청결상태 유지	파손 및 접합부분 점검, 고정부위 정기점검
음향설비	시스템 정상 작동 여부, 인디케이터의 확인 스피커 및 라인의 정상여부 확인	특정위치의 음압, 노이즈의 혼입여부 스피커 내부 청소
전기조명	램프의 정상 작동 여부, 정상적인 각도 여부 전원공급여부	조명기구 먼지 제거, 조도 및 휘도 점검

㉡ 전시물 교체, 정비, 관리방안

구 분	내 용
교체의 주기	전시 중장기 계획에 의거하여 정기교체 전시물을 설정하고 이에 대한 철거, 파기 혹은 수장여부등의 교체 프로세스를 수립한다. 특히 부정기 교체의 경우는 매번 자료를 입력하여 향후 예산 계획에 반영
교체의 과정	모든 교체 과정은 매뉴얼로 만들어 실제 사용될 수 있도록 계획하고 교체와 관련된 모든 자료는 전산화 하여 매뉴얼 갱신에 활용한다.
교체의 내용	연구 성과물 업데이트 등으로 3-5주년을 주기로 체험물 전체 혹은 부분 교체계획 수립한다.
교체의 방법	보수 등에 의한 부정기적이고 일부 교체가 아닌 전시관 전체의 교체 경우는 미리 수립된 중장기 전시계획에 의거하여 전시관별 순회 교체가 되도록 계획한다.

PART VII
결론

담양군 도시재생
사업의 가치와
기대효과

Ⅵ-1. 담양군 도시재생
사업의 가치와 기대효과

1-1) 담양군 도시재생사업에서 나타나는 기대효과

담양의 담빛길과 쓰담길은 과거, 도시재생과 전시장은 현재, 전통의 향기가 지역의 감성으로 이어지는 문화 인프라 구축을 통한 도시재생이 이루어지는 곳으로 "담양의 빛으로 머물다." 라는 캐치플레이로 담양의 오일장 죽물시장의 전성기를 되살린다.

첫째, 생명력 넘치는 문화와 예술의 거리 연출로 지역의 문화와 예술이 접목된 문화예술의 거리 이미지와 문화와 예술이 관광과 소비로 이어지는 순환구조 창출로 원도심의 경제 활성화와 공동체 정신의 회복하고, 천년의 도시의 참맛을 고취시켜서 인간의 삶의 질을 높인다.

둘째, 속은 비어 욕심이 없고 겉은 단단하나 때로는 한없이 부드러워지는 대나무처럼 고단한 삶의 길을 꿋꿋하게 걸어갔을 그 시절 담양의 사람들처럼 이야기가 있는 스토리콘텐츠 강화로 담양의 다양한 자연자원과 인문자원 등 지역자원과의 연계한 이미지 강화 담양 죽물시장이 가진 상징성과 담양의 지역자원에 관한 콘텐츠를 개발하여 지역과 거리에 정체성을 확립하고 누구나 보고 즐길 수 있는 거리 이미지를 연출한다.

셋째, 깨끗하고 쾌적한 아름다운 거리로 도심이미지 개선으로 사업대상지 거리에 디자인 상징화를 통한 거리환경을 개선하여, 쾌적하고 아름다운 도심이미지를 연출하여 주변 환경과 어울리면서 기존 관광자원과도 조화로운 시각적 이미지를 창출한다. 지역주민이 살기 좋은 담양읍으로 탈바꿈 시킨다. 원도심의 이미지 확립을 통해 좋은 담양 마을을 만들어 가는데 그 가치를 둔다. 특히 주민참여형 상향식 마을만들기가 되어야만 하며, 행정에서도 적극적인 지원이 있을때 성공적인 도시재생 마을만들기가 성공할 수 있다.

담양에코허브센터를 통한 첫째, 기본방향은 지속가능한 교육 및 체험프로그램 운영하며, 담양을 찾는 방문객들을 대상으로 한 홍보·마케팅을 시행한다. 유치원을 비롯한 지역의 학교, 학생 및 학부모 조직과 연계하여 전문해설사, 외부 전문강사, 교사가 주체가 되어 에코허브센터의 세미실을 활용한 영상 및 강의 교육을 통해서 해당 지자체 관련 공무원 조직과 연합을 통해 조직 체제를 유지하며 지역주민 커뮤니티 및 상가협의회 등과 연계해야 한다. 둘째, 방문객 연령대 및 방문목적별 다양한 프로그램 시행 과정을 통해 소속별, 세대별, 타깃별로 프로그램의 다양화 계획과 메타프로방스, 호남기후변화체험관 등 인근 자원과 연계한 프로그램 계획을 통해 담양 대나무축제, 크리스마스 축제 등 정기적인 지역의 행사와 연계한 다양한 이벤트로 방문객들이 유입될 수 있는 계기를 마련한다.

셋째, 참여형 프로그램에 의한 방문객의 만족도 및 지역이미지 상승으로 방문객뿐만 아니라 주민들을 위한 생태환경교육 시행으로, 지역에 대한 애정 및 자긍심 고취 도모로 담양에 대한 방문객들의 이해 및 자연·생태·환경에 대한 관심으로 자연재해 증가로 인해 재방문 할 수 있는 계기를 마련해서 지역주민들의 노력에 의한 내발적 지역발전을 도모하는데 기대효과가 있다.

도시재생 사업을 통해 새롭게 태어난 담양복합문화거리 "쓰담길" | 사진출처_담양군청

공사가 한창 진행중인 '쓰담길'의 현재의 모습

원도심의 미래 천년을 준비하는 담양 '쓰담길'의 정비된 모습

1-2) 담양읍 도시재생 현장에서 나타나는 장·단점 분석

담양군 도시재생사업은 지자체장의 의지와도 연관성이 있다. 우리나라 지자체의 문제점은 지자체 장이 바뀌지면 그전의 계획이나 마스터플랜이 지자치장의 업적을 무시하고 자기 생색내기에 급급한 현실이다. 그러나 담양군은 3선의 지자체장으로 장기전 대비를 하여 지금의 담양군의 도시재생으로 담양만의 아이덴티티를 구축하였으며 남도문화 천년의 도시란 키워드로 광주와 인접한 인프라 구축이 장점이라고 할 수 있다. 신종 바이러스로 인한 전 세계의 위기 속에 관광산업에 직격탄을 맞아 옛날 호시기의 관광도시의 영광을 맞이할 수 있을지 의문이지만 담양읍 지역주민의 갈등 요소를 어떻게 조율하고 특히 담양읍을 중심으로 한 일반 주택가, 재개발, 재건축 역등의 지역에 따라 지역 만들기, 마을 가꾸기, 자치운동, 주민운동, 아파트 시민활동, 녹색아파트 만들기, 생활 공동단체, 상점가게 거리의 단체들과 마찰이 많으며, 비록 아직은 미완성의 마을의 모양이지만 나름대로의 이야기가 이어져 오고 있다. 공공재생 디자인에서는 문화적 관점이란 공공성 일상적, 장소성을 복원하려는 태도라 할 수 있다.

담양읍 중앙로를 중심으로 주요 4개리 일원에서 담양군이 동시다발적으로 진행 중인 '원도심 활성화 사업'은 5일 시장 주변 시장통, 담양읍 생태문화거리 담빛길 조성사업, 쓰담길 다미담 예술구 조성사업, 해동문화 예술 촌 조성사업 등 크게 3가지로 특정된다. 이 3가지 주요사업 모두 담양읍 원도심 주민들의 삶의 질 향상과 생계형 소득 확대를 위한 문화예술, 관광이 접목된 융복합 콘텐츠사업에 목적을 두고 추진하는 만큼 사업의 진행과정이나 완료되는 시점에서 담양읍 원도심의 모습은 지금과는 확연히 다른, 사람이 북적대고 활력이 넘치고 상권이 활성화되는 거리로 탈바꿈되어야 할 것이다.

이 같은 담양읍 원도심 활성화 사업들은 지난 2016년 착수한 이래 현재 진행형으로 계속사업이 이뤄지고 있고 가시적 완료 시점인 2020년까지는 나름대로의 성과도 예상되고 있다. 사업의 성과에 따라서는 기존 죽녹원, 메타랜드(메타길, 메타프로방스) 등 성공을 거둔 담양읍 생태 관광 권과 연계한 시내권 문화예술 관광 및 쇼핑관광의 거리로 재탄생함으로써, 관광객 유입에 따른 상가의 매출 증대와 더불어 일자리까지 창출함되고, 과거의 활기찬 담양읍 원도심을 재생복원 디자인 하는 '담양읍 신 르네상스 시대'를 열어갈 수 있을 것으로 담양군은 기대하고 있다.

담양읍 원도심 활성화 사업 착수단계인 지난 2016년 이래 3년여 동안 5일 시장 쓰담길 다미담 예술구, 담빛길 생태문화거리, 해동문화예술촌 등 각각의 권역에서 추진한 주요사업들의 진행상황과 더불어 과정에서 어떤 성과를 거두고 있는지 현재 진행되고 있는 사업에 대한 원도심 상인들과 주민들의 입장, 그리고 지역사회 각계각층의 평가와 여론도 함께 분석해 보았다.

1-3) '담빛길' 생태문화거리 조성사업의 효과

'담빛길' 생태문화거리 조성사업은 담주리, 객사리, 천변리, 지침리 등 담양읍 주요 4개리를 중심으로 한 중앙로 일원 '문화생태도시' 조성사업 일환으로 추진 중이다. 이에 따라 담양읍 4개리를 중심으로 생태·인물, 음식·체험, 역사·교육, 문화·예술 등 담빛길 4개 구간을 설정하고 각 구간별 프로젝트를 수립, 단계적인 사업이 추진 중이다. 중앙로와 주변 골목골목마다 특색 있는 문화콘텐츠를 접목한 거리조성을 통해 2020년까지 '담양형 명품 문화생태도시'를 만들어 감으로써, 주민소득 증대와 함께 담양읍 시가지 활성화를 촉진시킬 방침이다. 특히, 이 사업은 담양읍 원도심 지역 내 문화자원을 활성화시키고 주민참여를 통한 문화도시 환경을 조성함으로써 주민들의 문화적 삶의 질 향상과 관광객 유입을 통한 원도심 상권 회복을 목적으로 추진 중이다.

지금까지 추진실적을 보면, 담빛길 창작 공간 조성 지원 사업(입주 작가 600만원 지원)을 통해 담빛길 1구간(옛 돗자리골목)에 13개의 예술작가 창작공간이 입주한 것을 비롯하여 주민 밀착형 FM방송국 '담빛 라디오스타' 개국, 담빛길 안내판 설치, 옛 죽물거리 셔터벽화 설치, 담빛 골목갤러리 개설, 담빛 골목 창작소 운영, 쉼터 및 화단 조성 등 문화예술의 거리로 탈바꿈 중이다. 여기에 담빛길 활성화를 위한 프로그램으로는, 담빛 라디오스타 방송, 담빛길 거리공연, 담빛길 예술교실 운영(매주 토요일), 담빛길 장터운영, 담빛 지기 및 담빛 요원(서포터즈, 모니터) 운영, 담빛길 레지던트 발표회, 해동음악다방 운영 등을 진행했거나 진행 중이다.

담빛길 생태문화거리 조성사업은 현재까지 주로 담빛길 1구간 위주의 사업이 진행 중이며 담빛길 2구간, 3구간, 4구간은 구. 군수 관사 와 구. 해동주조장 등에 단위별 개별 공간 사업을 진행 중인 곳도 있다.

담빛길1구간에서 일어나고 있는 각종 문화행사들 | 사진출처_담양군문화재단

1-4) 다미담 예술구 '쓰담길' 조성사업의 효과

'쓰담길'로 통칭하는 다미담 예술구 조성사업은 재래시장 인근 시장통 거리에 근대건축물과 문화, 마켓이 어우러진 다양한 문화콘텐츠 사업이 진행되고 있다. 이곳에는 청년상인과 작가들을 외부에서 유입시켜 전통 재래시장과 접목한 특색 있는 문화관광 거리를 조성한다는 계획 아래 기존 재래시장 상인들의 전통적 상품 외에 지역의 문화예술상품 다양화를 통해 인근 관광객을 구도심으로 유인, 상권을 활성화시킴으로써, 주민들의 삶의 질 향상 및 소득증대에 기여한다는 것이 담양군의 방침이다.

이에 따라 담양군은 지난 2016년 9월 국토교통부 지역수요 맞춤지원 공모사업에 선정된 것을 계기로 전통시장 주변 거리의 원형을 보존하면서 문화예술을 접목시킨 재생복원사업을 통해, 담양읍 5일시장과 주변 시장 통 거리를 '생태+문화+마켓'이 어울 어진 근·현대 문화공간으로 탈바꿈 시켜가고 있다.

도시재생 선진지 견학지가 되고 있는 다미담예술구 | 사진출처_blog.naver.com/urban_univer/222010560604

지금까지 추진성과를 살펴보면 근대 문화자산으로 보존하거나 기존 근대기 건물을 재현하는 건축물 리모델링 사업의 경우 2018년 11월에 본 공사가 시작되어 현재까지 전체 공정률 약 40%의 진행이 이루어지고 있다.

아울러 소프트웨어격인 '쓰담길' 조성사업의 홍보 등을 위한 각종 문화예술 프로그램 추진상황을 살펴보면, 대한민국 예술대장정 개최(2017.8.16~17일), 문화가 있는 날 지역거점 특화 프로그램인 '달빛장터' 운영(2017.9월~11월), 다미담 토요장터 운영(2017.9~11월 매주토요일/총10회), 산타축제 연계 '담주다방' 운영(2017.12.16.~12.30일), 대나무축제 연계프로그램 운영(2018.5월/2019.5월)등의 다양한 문화예술 프로그램들이 진행되고 있다.

이와 함께 담양 재래시장에는, 루프탑 가든형 장옥신축, 이벤트광장, 고객편의시설등이 확충 되어 관광객들이 즐겨 찾는 전통시장으로 재건축 되어, '쓰담길' 조성사업과 연계한 문화관광 명품시장으로서의 기능을 회복하는 사업을 진행 중이다. 또한 2020년까지 5일시장 내에 위치한 죽녹원, 관방제림을 조망하는 관광 랜드마크(3층) '담빛담루' 조성사업이 진행 중이며, 금년 말까지는 5일 시장 주변에 건물 파사드, 옥외광고물 및 공공시설물을 정비하는 디자인시범거리 조성사업이 예정되어 있다.

도시재생 선진지 견학지가 되고 있는 다미담예술구 | 사진출처_blog.naver.com/urban_univer/222010560604

1-5) 담양 에코허브센터 전시관의 효과

담양군이 친환경지속가능한 도시 조성사업의 일환으로 담양읍 학동리 호남기후 변화체험관과 개구리 생태공원 인근에 '담양 에코허브전시관을 조성하였다. 센터는 주민과 관광객을 대상으로 친환경지속 가능도시를 홍보하고 담양의 주요관광자원과 역사를 소개하는 게이트허브(Gate Hub)기능과 지역의 환경 전문기관과의 주민 참여해 친환경지속 가능도시를 만들어가는 거브넌스 역할을 통해 아름다운 생태문화도시 대숲 맑은 담양!, 죽향 담양의 자연과 환경, 체험과 교육이 조화롭게 어우러지는 다목적 복합문화공간을 연출한다.

특히 본 사업 대상지는 메타쉐쿼이아 길과 연계된 위치적 장점을 활용하여 명확한 테마로 관람 수요 확보와 인접해 있는 담양의 생태관광자원들과 연계하여, 방문객들이 쉬어갈 수 있는 휴식과 체험을 위한 공간 조성이 특징이다. 전시 및 체험 교육은 첫째, 전시의 이해를 돕는 포르그램·콘텐츠별 다양한 체험프로그램과 방문객 연령대별 특화 프로그램 개발에 있다. 둘째, 지역과 연개한 인근에 있는 다양한 지역의 문화 및 자연자원과 연계한 체험프로그램 제공 하며, 지역의 유치원 및 초·중학교와 연계하여 체험학습 프로그램 연계한다. 셋째, 방문객 욕구 충족을 위해 휴식공간을 조성하고, 단체 및 아이들을 위한 편의를 고려하고 학부모와 선생님을 배려한 시설을 설치한다. 넷째, 지역의 행사 및 축제와 연계한 이벤트 프로그램을 기획하여 계절별 또는 방문객별로 하여금 다양한 홍보효과를 창출한다.

4전시실의 기후변화에 관련된 주제 전시 | 사진출처_bbkk.kr/tour/view/3160

1-6) '해동문화 예술촌' 조성사업의 효과

담양군은 2010년 이후 폐주조장으로 방치돼 있던 구) 해동주조장을 매입, 대대적인 리모델링을 통행 담양읍 생활권 문화재생 사업으로 탈바꿈 시키고, 원도심 주민은 물론 관광객이 주목하는 다양한 복합문화공간으로 변모시켰다. 해동문화예술촌은 막걸리공장이었던 옛 해동주조장을 폐자원재활용 사업 일환으로 국비 공모사업을 신청, 확정됨에 따라 사업이 추진되고 있으며, 1,2단계 사업으로 나눠 진행 중이다. 1단계 사업은 2016년부터 2018년까지 3년에 걸쳐, 해동주조장, 아카이브전시관(2동), 미디어아트 미술관(2동)테마상가 동, 기념품 샵, 어린이 체험교육장, 문화학교, 소 공연장, 인문학책방 등 해동주조장 건축물 8동에 대한 리모델링과 함께 광장, 주차장 등을 조성했고, 현재 2단계 사업이 진행 중이며 2020년까지 완료할 예정이다.

해동문화예술촌은 건축물 리모델링 공사 진행과 함께 2017년부터 지속적으로 20여개 공연 팀 5,000여명이 참여한, 드로잉파티, 술통[術通]파티, 해동문화예술난장, 해동문화축제, 해동문화학교 등 파일럿 프로그램을 운영해 지역민과 방문객의 문화 갈증 해소와 지역예술인들의 문화 활동 기회를 제공하며 지역 내 새로운 문화명소로 점차 자리 잡아가고 있다. 그 결과, 해동문화예술촌은 정식 개관 전 임에도 올해 문화체육관광부가 시행하는 2019년도 지역문화 대표브랜드 공모전에서 '문화를 빚다. 담양 해동문화 예술촌'으로 최우수상을 수상했다. 담양군은 해동문화 예술촌을 다양한 문화예술 활동이 이뤄지는 담양읍 원도심권의 대표적인 복합문화 공간 브랜드화를 만들겠다는 방침이다.

해동 문화 예술촌 내 벽화 | 사진출처 광주전남일보

내용출처. 담양뉴스_ www.dnnews.co.kr

1-7) 변화된 원도심의 문화예술 특화거리

전남 담양군 담양읍 원도심 '담빛길' 거리가 문화예술 공연이 풍성하게 펼쳐져 관광객들의 발길을 멈추게 하고 있다. 전남 담양군의 문화코드를 새롭게 만들어 가는 '담빛길 문화예술 활동' 사업이 관광객들의 주목을 받으면서 원도심 활성화에 기여하고 있다. 담양군에 따르면 담양군문화재단이 추진하고 있는 '담빛길 문화예술 활동'은 매주 주말 담양읍 담빛길 구간에서 옛 죽물시장 내 담빛1길 일원에서 매주 일요일 오후 1시~2시 진행된다. 버스킹 공연, 마술, 토크, 클래식연주 등 매주 변화되는 풍성한 프로그램은 관람객들이 공연에 흥미를 갖고 참여하게 만든다. 최근 지역 예술인들이 지역의 정서와 색깔을 살려 선보인 음악 공연 역시 호응을 얻으며 다음 공연에 대한 기대감을 높인다.

2020년 "상반기 담빛길 예술 활동 프로그램은 8월까지 진행 된다"며 "7월 중 하반기 프로그램 참여자 모집을 통해 지속적으로 다양한 문화예술 활동 사업을 추진해 나갈 계획이다. 담양군문화재단 '담빛길 사업팀'은 담양의 원도심의 관광 활성화를 목적으로 거점 공간인 천변리 정미다방과 담빛길 내 국수의 거리를 중심으로 문화예술 프로그램을 기획, 공연을 진행하고 있다. 담빛길 1구간인 국수의 거리에 위치한 카페 달순 앞에서는 매달 마지막 주 일요일 오후 12시부터 프로그램 '공공연한 이야기'를 공연해 관광객들을 불러 모으고 있다. 공연에는 퓨전 국악 그룹 '루트머지'가 '국악 쏙쏙 콘서트-내 마음 신명나게'라는 주제로 공연에 나서 관람객들에게 새로운 해석의 전통 음악의 묘미를 제공할 것으로 기대된다. 재단 관계자를 통해 "담빛길 문화 예술공연 프로그램은 군민과 담양을 찾는 모든 관광객에게 문화예술의 향유의 기회가 될 것이다"며 " 코로나19' 상황을 고려해 야외 소규모 공연을 진행함으로써, 관광객들의 안전도 고려하고 있다" 는 점을 확인하였다.

세계인의 축제가된 담양대나무축제 | 사진출처_담양군청

1-8 담양군의 지속가능한 도시디자인

천년의 도시 담양군의 야심찬 도시디자인과 도시재생 사업은 야심차게 계획되어져 왔으며, 지자체의 의지와 계획에 의해서 주도되어 많은 성과를 남겼다. 그러나 2020년 2월부터 찾아온 신종 바이러스 때문에 세계 문화 관광의 패러다임이 바뀌지고 있다. 이러한 신종 바이러스 시대를 맞이하여 그동안 담양군이 추진하고 있는 도시디자인과 재생에 대해 장단점을 찾아내고 대안을 제시해야한다. 아직도 간판정비나 주택정비 사업에만 한정되는 것이 아닌 담양군이 가지고 있는 문화 콘텐츠를 개발하여 장기적 마스터플랜을 계획하여 우리문화 속에 콘텐츠를 찾아내고 개발해야 할 것이다. 전문가뿐만 아니라 민간이 참여와 아울러 지역의 거주주민들이 참여 하는 담양시민협의체가 참여하는 도시재생에 창의적 의견수립과 공청회를 통해 다양한 각계각층의 의견 수렴과 도시전문가와 업체의 의견이 그룹핑되어 소통할 수 있으며, 광주에서 문화 예술 활동 후 전원생활과 창작 활동을 위해 다시 담양으로 귀농한 문화예술전문가의 협의체와 소통 할 수 있어야 합니다.

지금까지는 관 주도적인 계획과 실행이 이루어졌다면, 앞으로는 민·관이 협력하여 획일적인것을 탈피하여, 미래지향적이고 지속가능한 도시재생 사업으로 발전되어야 할 것이다.

과거 번성했던 담양 죽제품 시장의 전통성을 중심으로, 힐링의 거리인 관방제림, 죽녹원, 국수의 거리에서 담빛길 1구간, 쓰담길, 에코전시장으로 이어지는 도시재생 사업은 지역의 문화와 예술의 거리로 조성하여, 방문객의 동선을 확대하고 문화관광벨트로 발전시킨다. 새천년 담양군 원도심과 연계한 경제 활성화와 지역공동체 정신을 확보하고, 주변 상가의 건물 정비와 환경개선사업으로 도심이미지 개선과 다시 찾고 싶은 문화예술의 거리로 조성한다. 담양의 과거와 현재, 전통의 향기가 지역 감성으로 이어지는 문화 인프라구축을 통한 도시재생이 이루어지는 곳 천년 담양을 재 조명해 보았다.

PART VIII
참고문헌

참고문헌

저자 프로필

참고문헌

[학술논문·학위논문]

1) 2008 공공디자인을 위한 국가건축 문화정책의 역할과 방향에 관한 연구. 대한건축학회논문집. 24(8), P118. 이상진.

2) 세계유산으로 등록된 한국의 문화유산내 공공시설물 가이드라인에 관한연구. 상명대학교 학사논문. 2010, p19. 조희철.

3) 도심지 통합 지주형 가로시설물 디자인 연구. 홍익 대학원 석사논문. 2008, p8. 박지현.

4) 공공디자인을 통한 지속가능한 마을만들기에 관한연구. 상품문화디자인학연구(KIPAD논문집) 34권. 2013, p19. 정원영.

5) 굴다리 환경개선 사례를 통한 공공디자인 평가지표 개발. 상품문화디자인학연구(KIPAD논문집) 52권. 2018, p10. 이진오.

[정기간행물]

1) [天·地·시] 지구온난화를 이겨내는 숲의 고수, 대나무 '담양 호남기후변화체험관'. 전기저널, 104-107. 대한전기협회 (2014)

2) [자치단체발전전략_담양군] 군민의 삶이 바뀌는 행복도시 담양. 월간 공공정책, 171, 45-50. 한국자치학회 (2020).

3) 오래된 공간, 문화를 낳다. 으스스한 빈 창고가 예술 창고로, 여기서 그칠 수 없다. 군수관사, 지역민의 문학쉼터로. 117, 18-39. 대동문화 편집국 (2020).

[신문기사]

1) "담양, 전봇대 없는 쾌적한 도시 만든다", 담양뉴스, 2016.08.23

2) "담양 문화생태지도 청사진 나왔다", 담양뉴스, 2016.08.02.

3) "담양읍 구도심 활력, 담빛길 추진", 담양군민신문, 2017.01.02

4) "담양, 친환경 랜드마크, 녹색건축물 짓는다", 담양뉴스, 2017.01.23.

5) "특집/담양읍 상권 활성화 성공할까?", 담양뉴스, 2017.03.21.

6) "불 꺼진 원도심에 활기를 불어 넣어요", 담양곡성타임스, 2017.11.02

7) "초록 품은 담양", 트래비매거진, 2018.06.14.

8) "담양 원도심 사업의 현주소", 담양뉴스, 2019.09.09

9) "담양읍 도시재생, 어떻게 진행되나", 담양뉴스, 2020.03.16.

10) "10년간 방치된 주조장의 변신, 이래도 되나", 오마이뉴스, 2020.05.09.

11) "골목길 지나 담빛길 걸으며 찾는 소확행", 전남일보, 2020.06.18

[국내외 단행본]

1) 길모퉁이 건축. 김성홍. 현암사

2) 도시재생, 현장에서 답을 찾다. 조용준 외 35인. 미세움.

3) 공생의 도시재생디자인 이석현 저. 미세움.

4) 도시 공공 디자인. 서정렬. 커뮤니케이션북스

5) 나는 튀는 도시보다 참한 도시가 좋다. 정석. 효형출판사.

6) 문화콘텐츠와 도시디자인. 정희정, 이창호. 미세움.

7) 문화콘텐츠 디자인. 정희정, 이창호. 문혜은. 미세움.

[사진출처]

담양문헌집 - 규장각

사적 제353호 금성산성(金城山城) - 담양군

창평향교(昌平鄕校) - earth1004.tistory.com/810

용흥사 계곡 - 담양군

관방제림 - 담양군

가마골 용소 - 담양군

추월산 - 담양군

금성산 - chulsa.kr/10801830, indica.or.kr

병풍산 전경 - media24.kr/24077

죽녹원 산책길 - 담양군

소쇄원 - 담양군

뉴욕의 HighLine Park - phmkorea.com/18361

스페인 빌바오 구겐하임미술관 - jorge-fernandez

영국 뉴캐슬어폰타인 - 게티이미지코리아

도면스케치 - pinterest.co.kr/randycarizo

서소문공원 - 대한건축사협회 건축사신문

스페인 뷔르트 라리오하 박물관 정원 - www.archdaily.com

담양군 죽녹원 - 담양군

옛 군수관사 터 - www.pressian.com

'쓰담길' 전경 - 담양군

호남기후변화체험관 - thejoeunnews.co.kr

옛 '담양 죽물시장' - 담양군

담양길 문화행사 거리공연 - 담양군 문화재단

담빛길 축제 및 체험행사 - 담양군

담양군 쓰담길 - 담양군 문화재단

담빛길1구간 각종 문화행사들 - 담양군문화재단

다미담예술구 - blog.naver.com/urban univer/222010560604

기후변화에 관련된 주제 전시 - bbkk.kr/tour/view/3160

해동문화 예술촌 내 벽화 - 광주전남일보

담양대나무축제 - 담양군청

[웹사이트]

1) 담양군청_ www.damyang.go.kr

2) 담양군문화재단_ www.dycf.or.kr

3) 담양에코센터_ gihoo.damyang.go.kr

4) 담양창평슬로시티 홈페이지_ www.slowcp.com

5) 담양뉴스_ www.dnnews.co.kr

6) 세종특별자치시_www.sejong.go.kr

7) 네이버 두산백과사전_ encyber.co.kr

8) 네이버블로그_ 구본준의 거리가구이야기 중.
bonz1969.tistory.com/1?category=792341

9) 네이버블로그_ 영스쉼터 중.
blog.naver.com/aaii0/221501940801,

10) 네이버블로그_ 아들셋과 샴고양이 중.
blog.naver.com/huhajung/221477388806

본 서적에 실린 자료들을 제공해 주신 담양군청 관련부서 및 담당자와, 도시재생 프로젝트 자료들을
제공해 주신 (주)무진주디자인연구소 담당자들께도 다시한번 감사의 말씀 드립니다.

저자 프로필

다산 **이 대 겸**(창호) LEE DAE GYEOM

학 력

- 전남 화순군 남면 다산리 455번지 출생
- 화순군 사평초등학교 졸업
- 광주 동성중학교 졸업
- 조선대학교 부속고등학교 졸업
- 조선대학교 미술대학 응용미술학과 졸업
- 조선대학교 응용미술학과 시각디자인 석사
- 조선대학교 디자인경영학 박사 수료
- 현)세한대학교 디자인학과 부교수, 학과장

주요경력

- 백제예술전문대, 목포과학대 강의 (1990. 3.~1994. 12.)
- 한국 비쥬얼트랜드 디자이너 협의회 이사 역임 (1998. 6. 1~03. 5. 30)
- (사)한국박물관 미술관협회 전남 사무총장 역임 (2005. 3. 5~10. 2. 25)
- 2009기획재정부복권기금 전남박물관미술관 연합기획전 총감독 (2009. 5. 1~09. 10. 30)
- 목포시 건축물 미술장식품 심의위원 역임 (2000. 3. 1~04. 2. 29)
- (사)광주영상위원회 이사 및 운영위원 역임 (2000. 3. 1~04. 2. 29)
- (사)제15대 광주 디자인협회 회장 역임 (2010. 1. 1~13. 12. 30)
- (사)한국 상품문화 디자인학회 이사 (2013. 5. 10~현재)
- ㈜다산 대표이사 / 다산미술관 관장 (2014. 1. 20~현재)
- (사)한국생활문화예술단체총연합회 광주시 지총 회장 (2018. 11. 20~현재)

자문, 심의, 개인전, 심사위원

- 방과 후 페스티벌 전시행사 선정평가 위원 (전라남도교육청 2006. 11. 18)
- 제43회 전라남도 미술대전 시각디자인 심사위원 (전라남도 2007. 6. 27)
- 방과 후 페스티벌 전시행사 선정평가 위원 (전라남도 교육청 2007. 10. 22)
- "양림동 역사문화마을 전시시설" 제안서평가위원 (광주시 남구청 2015. 2. 11)
- 세계거석파크 조성사업 실시설계자문위원 (화순군 2015. 9. 10~15. 12. 31)
- 디자인워크 광주"디자인업체선정 평가위원 (광주디자인센터 2015. 11. 6)
- 벌교시가지 간판개선사업 평가위원 (보성군 2016. 7. 8)
- 제15회 전라남도 옥외광고대전 심사위원 (전남 옥외광고협회 2016. 10. 6)
- "섬진강변 체험학습장 요술 랜드 설치" 평가위원(곡성군 2017. 7. 14)
- 제16회 전라남도 옥외광고대전 심사위원 (전라남도 옥외광고협회 2017.9.22)
- 홍콩 메가 쇼 용역 업체선정 평가위원 (광주디자인센터 2018. 8. 22)
- 디자인거점 해외매칭행사 평가위원(광주디자인센터 2018. 10. 5)
- 고흥읍 중심도로 간판정비사업 평가위원 (고흥군 2019. 6. 19)
- 유엔평화모델 광주·전남대회 (심사위원 2019. 6. 28)
- 고흥 공공디자인 특화거리조성사업 평가위원 (고흥군 2019. 7. 5)
- 제1회다산이대겸 자연의 시각표현전(진한미술관, 다산미술관 2019. 9. 20.~10. 13)
- 넥스트안내간판 디자인 개발제안서평가 (해남군 2020. 7. 31)

해외전 및 협회전

- 서울 비쥬얼 아트비엔날레 일본 나고야 전. 협의전 (1997. 8. 20~8. 30)
- 전국대학교수100인의 시각 이미지 전 (광주5.18재단, 2000. 7. 10~7. 14)
- 한·일 시각디자인 동경 교류전. 한국 비쥬얼 디자이너 협의 (2000. 7. 23~7. 28)
- 2001제주 섬 문화축제 한국작가 100인 전 (제주도, 2001. 5. 19~6. 17)
- 한일디자인국제교류 Fair2008, (사)한국 비쥬얼 트렌드협의 (2008. 8. 5~8. 10)
- 광주전남 시각디자인 교수초대전 (다산미술관. 2008. 8. 30~9. 30)
- 영국 노팅엄트랜드 대학교 초청국제교류전 (2017.2.3~2.9)
- 2018서울인권 컨버런스 (이앙갤러리, 2018. 4. 4~4. 9)
- 제 42회 광주전남베트남 하노이 국제교류전 (2018. 11. 26~11. 29)
- "문화나눔으로 따뜻한 세상" 전 (진한미술관. 2018. 12. 10~12. 19)
- 2019광주세계수영선수권대회 50인 초대전 (진한미술관, 2019. 5. 20~7. 28)
- 2019국제디자인 부산 초대전 (한국디자인 트랜드협회 2019. 6. 2~6. 20)
- 0cm한국-중국아트 페스타전 (한국현대미술작가연합회 2019. 8. 21~8. 27)
- 2019광주디자인비엔날레 국제 포스터 초대전 Humanity (2019. 8. 21.~8. 27)
- 아시아문화중심도시 광주 시민의 문화적 삶은 몇 시인가? (ACC 2019. 11. 20)
- 국제디자인 초대작품전 (한국디자인트랜드학회 2020. 6. 21~23)
- KICD하계 국제초대전/뉴노멀 시대의 디자인 (2020.8.22.~9.22)

논문, 저서, 자격증

- 국내차량의 스카치켈 사이드 그래픽 디자인에 관한연구 (한국비쥬얼트렌드학회 2001. 9. 5)
- 전래동화 흥부와 놀부 캐릭터, 스토리 콘텐츠 개발에 관한연구 (한국비쥬얼트렌드학회 2008. 8. 23)
- 매체를 활용한 유 아동 미술교육과 미술치료 (창지사 2008. 8. 7)
- 이창호의 웹디자인 (미림사 2008. 8. 25)
- 문화 콘텐츠 디자인, 문화 콘텐츠와 도시디자인 (미세움 2014. 11. 19)
- 박물관미술관 3급 정학예사 자격증 (문화체육부 2016. 4. 14)
- 사회적 기업 브랜드 아이덴티티 개발사례연구 (사단법인 한국 상품문화 디자인학회 논문 2019. 7. 20)
- 공간에 나타난 색채의 3가지 속성적 특성에 대한 연구 (사단법인 한국 공간디자인학회 학술논문 2019. 10. 25)
- 스마트폰기반 청각장애인 소통지원 애플리케이션 개발연구 (사단법인 한국 상품문화 디자인학회 논문 2020. 3. 31)
- 나오시마 도시재생에 나타난 공간물질과 비물질 표현특성 (사단법인 한국 공간디자인학회 논문 2020. 8. 20)
- NUI를 활용한 가상현실 박물관 전시 디자인연구 (사단법인 한국 상품문화 디자인학회 논문 2020. 9. 11)
- 천년의 역사 담양에서 펼쳐지는 도시재생디자인 이야기 (동아출판사 2020. 9. 20)

상 훈

- 제27회 대한민국 산업디자인전 특선(과소비추방포스터, 상공부, 1992. 5. 15)
- 제28회 대한민국 산업디자인전 입선2점 (상공부, 1993. 9. 1)
- 제33회 전라남도 미술대전 시각디자인 대상 (전라남도, 1997. 6. 25)
- 제56회 전라남도미술대전 디자인부문 특선 (전라남도, 2020. 7. 18)
- 제33회 광주광역시미술대전 시각디자인 부문 특선 (광주광역시 2020. 6. 3)

정책자문

- 목포시 건축물 미술장식품 심의위원역임 (목포시, 2000. 3. 1~04. 2. 29)
- (사)커뮤니케이션디자인학회 이사 역임(2001. 5. 19~05. 12. 31)
- 화순군 축제추진위원 (화순군, 2015. 5. 15~현재)
- 새정치 민주연합 광주광역시 정책 개발단 역임 (디자인, 2015. 11. 13)
- 광주광역시 남구정책자문위원(국회의원 장병완 의원, 2015. 3.~현재)
- 리더스 트레킹 회장 역임 (2015. 10. 1~17. 12. 20)
- 화순군 지방보조금 심의위원 역임 (화순군, 2017. 4. 1~19. 3. 31)
- 국제 로타리 3710지구 두리로타리 회장 역임 (2018. 6~19. 6)
- 민족통일 광주광역시지회 부회장 (2018. 12. 10~현재)
- 광주발전 자문교수협회 회장 (김경진 의원실, 2019. 5. 11~현재)

주소 및 연락처

연구실_ 충청남도 당진시 신평면 세한대길33   자택_ 광주광역시 남구 봉선중앙로8.(봉선동.쌍용스윗닷홈)

TEL_ 041.359.6086   FAX_ 041.359.6069   E-mail_ chlee@sehan.ac.kr   Mobile_ 010.7661.1701

"이 저서는 2020년도 세한대학교
 교내연구비 지원에 의하여 씌어진 것임"

천년의 역사 담양에서 펼쳐지는
도시재생 디자인 이야기

초판1쇄 인쇄 2020년 9월 21일

지 은 이   이대겸
편집디자인   장갑록
발 행 일   2020. 9.
발 간 위 원 박주란, 장갑록, 전영곤, 조한택

펴 낸 곳   오마주
등 록 번 호 2007년 5월 29일 제313-2007-118호
주   소   경기도 파주시 광인사길 211-2
문   의   T. 031-943-1655 F. 031-943-1674

I S B N   978-89-93671-17-9 91540
CIP제어번호 CIP2020040775
정   가   18,000원

저작권법에 의해 보호를 받는 저작물이므로, 사전 서면 동의 없이 무단 전재 및 복제를 금합니다.
잘못된 책은 구입처에서 바꾸어 드립니다.